Dizhen Zhishi Yibaiwen

地震知识 100 问

项伟 编著

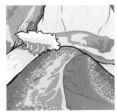

中国地质大学出版社有限责任公司
ZHONGGUO DIZHI DAXUE CHUBANSHE YOUXIAN ZEREN GONGSI

前　言

中国是地震多发国,"5·12"汶川地震及青海玉树地震等地震灾害给人们带来了巨大的生命和财产损失。普及地震灾害知识,提高人民群众识别地震前兆、合理避震的能力,有助于人们及时发现地震并作出正确避震判断,减少财产损失,避免发生生命伤亡的悲剧。受中国科协科普部委托,中国地质大学(武汉)教育部长江三峡库区地质灾害研究中心开展了科普图书《地震知识100问》的科普创作工作。《地震知识100问》以地震的基础知识为主题,通过浅显易懂的文字、形象生动的插图向地震多发区的广大居民、中小学生、乡镇以及村组的干部传播、普及有关地震的科学知识。

本书分为"教你读新闻"、"知识扩展"、"地震预测"、"避震"、"防震"、"地震逃生"、"震后救援"、"次生灾害"、"地震谣传"9个章节。其中"教你读新闻"是编者专门设置的,便于对地震缺乏了解的读者理解地震的基础知识。"地震谣传"是编者针对近期许多人四处胡乱发布地质灾害谣传的现象,而专门设置的,内容可能并不全面,希望能够让读者对相关谣传提高警惕。

《地震知识100问》由项伟教授编著,贾海梁、李翔博士,谭龙、曹慎、王凤华、韩琳琳等硕士参与了全书图片和数据资料的收集与处理工作,狄丞讲师,邢煜莹、刘飞和陈小玲等同学参与了全书漫画的创作工作。

　　本书编写过程中得到了教育部长江三峡库区地质灾害研究中心、中国地质大学(武汉)艺术与传媒学院和中国地质大学出版社的支持和帮助。同时,这本书还得到了中国科协高校科普创作与传播试点活动项目的资助。谨向他们致以衷心的感谢!本书为公益性质的科普读物,资料来源广泛,在此对所引用资料的作者一并感谢。

　　由于编写和统稿时间仓促和水平所限,谬误和不当之处希望读者批评指正。

Contents
目录······

教你 读新闻

1. 什么是地震？/3
2. 地震通常是怎么分类的？/4
3. 什么是构造地震，它是如何产生的呢？/6
4. 为什么危害性较大的地震往往由构造地震引起？/7
5. 火山地震又是如何产生的呢？/9
6. 人类活动会诱发地震吗？/10
7. 新闻里常出现的"震级"是什么意思？/11
8. 新闻中的"震中烈度11度"又是什么意思呢？/11
9. 什么是震源，什么是震中，什么是震中距，什么是震源深度？/13
10. 震级越大地震破坏后果越严重吗？/13
11. 震级是怎么测定的呢？/15
12. 上面这条新闻中，为什么震级会反复修订呢？/16
13. 新闻五中余震是指什么呢？/17
14. 什么是断层？什么是断裂带？/18
15. 断裂带和地震有什么关系？/18
16. 什么是地震预警？纵波、横波指的是什么？/20
17. 地震预警和地震预报有什么区别？/20
18. 地震预警有什么意义？/21
19. 接到地震预警信息，一定发生地震灾害吗？如果接收到了地震预警信息，应该怎么办？/22
20. 我们能为地震预警系统的完善做什么？/23

知识 扩展

21. 强震以后无强震这种说法有没有科学道理？/24
22. 国外科学家对地震研究作出了哪些贡献？/24

23 我国设有哪些专门的地震监测和研究机构？/25
24 你知道有哪些地震方面的法律法规？/26
25 历史上著名的地震有哪些？/26
26 中国历史上有哪些有名的地震？/27
27 你了解中国历史上地震检测最著名的发明——地动仪吗？/28
28 我国地震灾害为什么严重？/29
29 中国强震及地震带是怎样分布的？/29
30 中国的震中震级是怎样分布的？/30
31 什么是中国地震烈度区划？/31

避 震

38 为什么要对建筑物进行选址？建筑物选址需要注意什么？/37
39 什么样的建筑场地易发生地震？什么样的建筑场地有利于避震？/38
40 城镇哪些住房环境不利于抗震？/38
41 农村和山区哪些住房环境不利于抗震？/39

地震预报

32 什么是地震预报？/32
33 地震能预报吗？/32
34 你知道地震预报应当由谁发布吗？/32
35 什么是地震前兆？这些异常能预测地震吗？/33
36 震前地下水可能会有哪些异常？这些异常能预测地震吗？/34
37 震前动物可能会有哪些异常？这些异常能预测地震吗？/34

防 震

42 什么样的房屋结构有利于防御地震？/40
43 房屋的抗震性能和地震烈度有什么关系呢？/40
44 你知道哪些传统房屋结构能有效抗震吗？/41
45 地震频发地区，房屋装修和施工应注意什么？/42
46 如何加固已建房屋和及时维修老

旧房屋？/42
47 地震频发地区的居民日常应准备哪些震后应急物资呢？/43
48 怎样摆放室内物品才有利于避震？/43
49 为什么卧室的防震措施最重要？/44
50 什么是抗震救灾演习？有什么意义？/44

地震逃生

51 家住楼房怎样避震？/46
52 家住平房怎样避震？/48
53 当选择了合适的地点躲避后，我们还应该注意哪些问题呢？还要注意哪些细节呢？/49
54 在影剧院、体育馆等处遇到地震怎么办？/50
55 在商场、书店、展览馆、地铁等处遇到地震怎么办？/51
56 乘坐电(汽)车时地震怎么办？/53
57 自驾出行时地震怎么办？/54
58 怎样防范余震？/55
59 地震被埋怎么办？/55
60 被埋后如何逃生？/57
61 被埋后迟迟等不到救援怎么办？/59

震后救援

62 搜救工作都有哪些要点？又有哪些原则呢？/61
63 震后如何解决灾民的居住问题呢？/61
64 经历地震灾害后，灾民应如何进行自我心理调节呢？/62
65 救援者对灾民可以做哪些心理援助？/64
66 地震搜救救援队是如何组织的？主要任务是什么呢？/65
67 常用的搜救手段有哪些？/65
68 搜救时常使用哪些搜救策略呢？/67

III

次生灾害

69 什么是地震的次生灾害，常见的次生灾害有哪些？/68
70 地震火灾是怎样引起的？/69
71 当地震引起火灾时该如何自救和救人？/70
72 地震水灾是怎样造成的？/71
73 当地震引起水灾时该如何自救和救人？/73
74 地震海啸是怎样形成的，它对我国有危害吗？/73
75 什么是疫情？什么是疫病？/74
76 震后为什么会出现疫情？会有些什么疫情发生？/75
77 霍乱出现时会有什么表现？传播方式有哪些？/76
78 甲肝出现时会有什么表现？/77
79 伤寒和痢疾出现时会有什么表现？/78
80 乙脑、黑热病和疟疾出现时会有什么表现？/78
81 鼠疫和破伤风出现时会有什么表现？/79
82 为预防疫情的发生需要注意些什么？/79
83 如果疫情已经发生了，需要注意什么？/80
84 搭建防震棚要注意什么？/81

85 震后哪些食品不能吃？/82
86 震后食用食品时应当注意些什么问题？/82
87 灾后如何解决饮水问题？/83
88 水被微生物污染的特征？/84
89 地震发生后，应远离哪些危险场所？/84
90 有毒或放射性物质发生泄漏时该怎么办？/85
91 当地震引起有毒气体泄漏时该如何逃生？/86
92 当地震引起放射性物质泄漏时该如何自护？/87
93 地震会引起哪些次生地质灾害？/88
94 地震在引发滑坡和泥石流中起到了什么作用？/89
95 地震引发的滑坡和泥石流有什么特征？/89
96 地震导致的滑坡泥石流灾害该如何预防呢？/90
97 为什么次生地质灾害常引起严重的生命财产损失？/91

地震谣传（趣味阅读）

98 你相信磁铁避震吗？/92
99 生命三角真的有用吗？/92
100 如何正确对待民间预报？/95

教你读新闻

新闻一

2008年5月12日14时28分04秒,四川汶川(北纬30.986°,东经103.364°)、北川发生里氏震级8.0级的大地震,震源深度10km,震中烈度达到11度。宁夏、青海、甘肃、河南、山西、陕西、山东、云南、湖南、湖北、上海、重庆等省、市、自治区均有震感。此次地震共造成69 227人遇难,374 643人受伤,17 923人失踪,直接经济损失8 452亿元人民币。

汶川地震震中分布图

新闻二

2013年4月20日上午8时02分,四川省雅安市芦山县龙门乡马边沟(北纬30.3°,东经103.0°)发生里氏震级7.0级地震,震中烈度预计9度,震源深度13km,到目前为止已造成180人死亡,经有消息称雅安芦山地震受伤人数已突破6 000人。

雅安地震震中分布图

汶川地震还未曾离我们远去,雅安地震又突然发生,从上述两则报道中我们看到地震带来的危害是巨大的,它带来的不只是房屋的倒塌、财产的损失、亲人的悲痛,还有人们深深的反思。我们要深刻反思,为何我们的房屋在面对地震时如此不堪一击,为何原本可以避免的伤亡却因缺乏地震自救知识而葬身摇坠的建筑物中,为何地震像噩梦般频频困扰着人类,为何多数群众对地震知识如此匮乏……

为减少地震给人类来带来的伤害,让更多的人们了解地震知识,在面对突发地震时懂得如何有效获取信息,正确自救和他救,在地震中最大限度保护人民生命财产安全,我们编写此书,以供大家更好地储备地震基本知识和震中逃生常识。

首先,我们要从根源上来认识一下,到底什么是地震呢?常见地震又有哪些种类呢?地震成因一成不变吗?如果不是,那么不同种类的地震是怎样形成的呢?

1 什么是地震?

古代,我国民间有这样一种传说,地底下住着一条巨大的鳌鱼怪,时间长了大鳌鱼就想翻一下身,只要大鳌鱼一翻身,大地便会颤动起来。无独有偶,这个说法在全世界各民族均可找到相似的版本——在古代日本人眼里,那个怪物是一只滑溜溜的大鲶鱼;在古印度人眼里,则认为这是四只大象引发的;在古代埃及和蒙古人眼里,也有关于地下住着巨大动物作怪的传说。

如今,用科学的观点来解释,地震是地球内部运动引起地表震动的一种

鳌鱼

鳌鱼翻身

希腊神话中的海神

印度传说中的大象背大地

地震知识100问

自然现象。它与风雨、雷电一样,是一种极为普遍的自然现象。全球每年发生地震约550万次,它们之中绝大多数太小或离我们太远,人们感觉不到。真正能对人类造成严重危害的地震,全世界每年有一二十次。地震常常造成严重人员伤亡,引起火灾、水灾、有毒气体泄漏、细菌及放射性物质扩散,还可能造成海啸、滑坡、崩塌、地裂缝等次生灾害。

2 地震通常是怎么分类的?

地震一般可分为天然地震和人工地震两大类。由构造运动、火山运动等自然因素引发的地震统称为天然地震;由人类活动(如水库蓄水、采矿、爆破等)引起的地震称为人工地震。天然地震按成因主要分:构造地震、火山地震、陷落地震等。通常,我们所说的地震是指构造地震,这类地震发生的

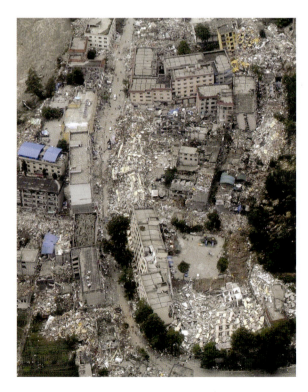

2008年汶川地震是一个典型的构造地震

火山的突然爆发往往会引发地震

塌陷会引发小范围的地面震动

次数最多,破坏力也最大,约占全球地震数的90%以上;火山地震一般影响范围较小,发生得也较少,约占全球地震数的7%;陷落地震大约不到全球地震数的3%,引起的破坏也较小。

3 什么是构造地震,它是如何产生的呢?

要揭示构造地震产生的原因,就要从地球的内部构造说起。地球是一个平均半径约为6 370km的多层球体,最外层的地壳相当薄,平均厚度约为33km,它与地幔(厚约2 900km)的最上层共同形成了厚约100km的岩石圈。

形象地讲,地球的内部像一个煮熟了的鸡蛋:地壳好比是外面一层薄薄的蛋壳,地幔好比是蛋白,地核好比是最里边的蛋黄。

地球最上层包括地壳在内的约100km范围的岩石圈并不完整,这些大小不等、拼接在一起的岩石层称为板块,它们各自在上地幔内的软流层上"漂浮"、运移,有的板块会俯冲到地幔内数千米深的地方。

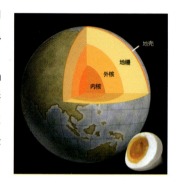

地球结构图

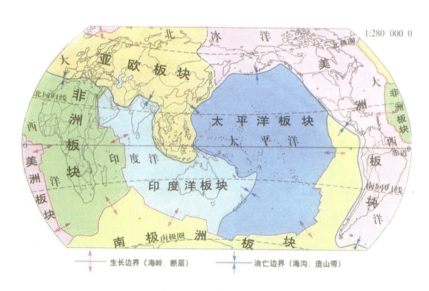

全球地震板块分布图
(地球上较大的板块有太平洋板块、欧亚板块、美洲板块、非洲板块、印度洋板块和南极洲板块)

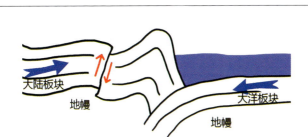

大洋板块俯冲示意图

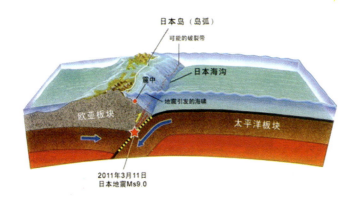

构造地震机理图

然而，板块的运动与变化并非都是缓慢的，有时也会发生突然的、快速的运动，这种运动骤然爆发，常常给我们的星球带来灾难，其中地震对人类的危害最为严重。

在构造力的作用下，当岩石圈某处岩层发生突然破裂、错动时，便把长期积累起来的能量在瞬间急剧释放出来，巨大的能量以地震波的形式由该处向四面八方传播出去，直到地球表面，引起地表的震动，便造成地震。

4 为什么危害性较大的地震往往由构造地震引起？

首先，这是构造地震的成因决定的。在地壳及地幔中，由于物质不断运动，经常产生一种互相挤压和推动岩石的巨大力量。岩石在这种力作用下，积累了大量的能量。一旦这种能量超过岩石所能承受的极限数值,就会使岩石在一刹那间发生突然断裂,释放出大量能量。当这种能量释放时,往往产生相当大的破坏力。

其次,构造地震的特点是活动频繁,延续时间长,波及范围广,破坏性强。在一定时间内(几天,几周,几年),在同一地质断裂带上,可发生一系列大大小小具有成因联系的地震。主震之后的余震往往会带来新一轮的自然灾害,造成严重的生命财产损失。

构造地震裂缝

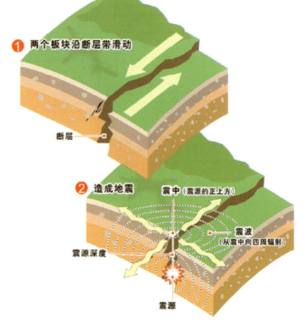

构造地震

5 火山地震又是如何产生的呢？

　　由火山活动时岩浆喷发冲击或热力作用引起的地震，称为火山地震。炽热的岩浆喷发前在地壳内聚集膨胀和喷发时，产生的巨大冲击力都能造成岩层断裂或断层错动而引起地震。火山地震有它的特点：影响范围较小，而且以成群小地震的形式出现。1976年8月加勒比群岛的苏弗利埃火山爆发后的几天内，接连发生的小地震约达1 000次之多。据统计，全世界约有7%的地震属于火山地震。

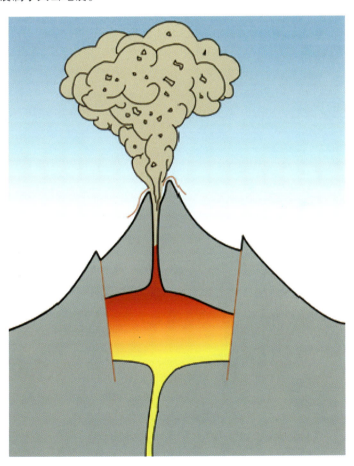

火山地震机理图

6 人类活动会诱发地震吗？

美国地球物理学家克里斯蒂安·克劳斯曾说："人类在全球进行着许许多多大型的工程活动,例如采矿、水库蓄水等,对地球的影响浅至地表,深及地壳。"

水库诱发地震:水库诱发地震主要是因为本就体积巨大的库区蓄水,使水压持续增加,库水下渗让岩石裂隙和断裂面产生了润滑,最终使岩层和地壳内原有的地应力平衡状态被改变。世界上最出名的水库诱发地震发生在印度柯依纳水库,我国新丰江水库蓄水也曾诱发6.1级地震。

采矿诱发地震:矿藏的开发会引起地壳受力的变动,但是现在都采取了一定的措施来保证开发后的地区地壳的稳定,就是为了避免因为地壳的变动引发的灾难。在石油开采中,注水技术的应用,一是为了提高产量,二是为了填充石油开采后留下的空洞,尽量保证受力平衡。

1962年新丰江水库蓄水后诱发的6.1级地震

新闻三

1976年7月28日北京时间03时42分53.8秒,在中国河北省唐山、丰南一带(东经118.2°,北纬39.6°)发生了强度里氏7.8级、震中烈度11度、震源深度23km的地震,地震持续约12s。有感范围广达14个省、市、自治区,其中北京市和天津市受到严重波及。

7 新闻里常出现的"震级"是什么意思?

简单来说,地震释放能量的大小用震级来表示。震级越高,表明震源释放的能量越大,震级相差一级,能量相差30多倍。新闻里的"里氏7.8级"指的就是震级。"里氏"是目前国际上使用的地震震级——里克特级数,是由美国地震学家里克特所制定,它的范围在1~10级之间。地震按里氏震级大小的划分大致如下。

弱震:震级小于3级。如果震源不是很浅,这种地震人们一般不易觉察。

有感地震:震级大于或等于3级、小于或等于4.5级。这种地震人们能够感觉到,但一般不会造成破坏。

中强震:震级大于4.5级、小于6级,属于可造成损坏或破坏的地震,但破坏轻重还与震源深度、震中距等多种因素有关。

强震:震级大于或等于6级,是能造成严重破坏的地震。其中震级大于或等于8级的又称为巨大地震。

8 新闻中的"震中烈度11度"又是什么意思呢?

地震影响力的大小用烈度来表示,烈度越高,地震引起的破坏程度越大。一次地震只有一个震级,而烈度则各地不同。

震中烈度指的是震中区的烈度大小,是一次地震中烈度的最大值。用于说明地震烈度的等级划分、评定方法与评定标志的技术标准是地震烈度表,各国所采用的烈度表不尽相同。我国评定地震烈度的技术标准是《中国地震烈度表(2008)》,它将烈度划分为12度。

3度及以下地震:只有少数人有感,利用相关的仪器能记录到地震

4~5度地震:睡觉的人会惊醒,吊灯摆动,桌子上的杯子和门窗会有振动的声音

6度地震:桌子上的器皿会倾倒,房屋发生轻微损坏

7~8度地震:一般的房屋会被破坏,地面由于地震的作用会出现不同大小的地裂缝

9~10度地震:几乎所有的桥梁、水坝都会遭到不同程度的损坏、房屋倒塌,地面破坏严重

11~12度地震:会给人的生命和财产带来毁灭性的破坏

9 什么是震源,什么是震中,什么是震中距,什么是震源深度?

地球内部直接产生破裂的地方称为震源,它是一个区域,但研究地震时常把它看成一个点。地面上正对着震源的那一点称为震中,它实际上也是一个区域。从震中到地面上任何一点的距离叫做震中距。从震源到地面的距离叫做震源深度。震源深度在60km以内的地震为浅源地震,震源深度超过300km的地震为深源地震,震源深度为60～300km的地震为中源地震。我国绝大多数地震为浅源地震。

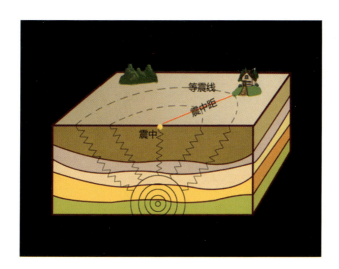

地震要素示意图

10 震级越大地震破坏后果越严重吗?

上文已经说过,衡量地震影响及地震破坏程度的标尺是烈度不是震级。一次地震后,一个地区的地震烈度会受到震级、震中距、震源深度、场地条件等多种因素的影响。震级只是影响破坏后果的其中一个因素,其他因素对地震的破坏程度影响也很大。比如震源深度、震中距等,同样震级大小的地震,震源越浅,造成的破坏越重。一般而言,震中地区烈度最高,随着震中距加大，烈度逐渐减小（简单来说，就是离震中越远越安全），如汶川地震的烈度统计图所示；但是也存在局部地区的烈度高于或低于周边烈度的现象。

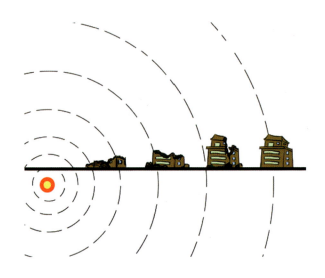

同一震级下，烈度随震中距变化而变化

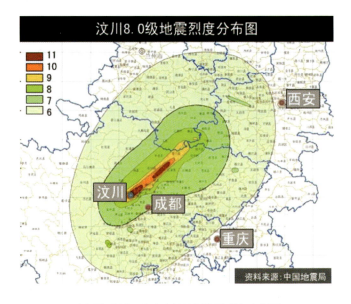

中国地震局正式公布的汶川地震烈度分布图

新闻四

新华网北京5月18日电（记者李斌） 记者从中国地震局获悉，在5月12日四川汶川地震发生后，中国地震台网中心利用国家地震台网的实时观测数据，速报的震级为里氏7.8级。随后，根据国际惯例，地震专家利用包括全球地震台网在内的更多台站资料，对这次地震的参数进行了详细测定，据此对震级进行修订，修订后震级为里氏8.0级。

11 震级是怎么测定的呢？

震级通常是通过地震仪记录到的地面运动的振动幅度来测定的，由于地震波传播路径、地震台台址条件等的差异，不同台站所测定的震级不尽相同，所以常常取各台的平均值作为一次地震的震级。

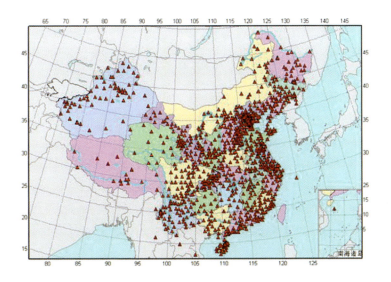

中国数字强震动台网分布示意图

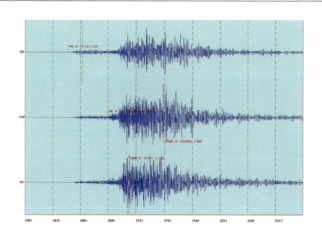

地震实时监测曲线

12 上面这条新闻中,为什么震级会反复修订呢?

地震发生时,距震中较近的台站常会因为仪器记录振幅"出格"而难以确定震级,此时就必须借助更远的台站来测定。所以,地震过后一段时间对震级进行修订是常有的事。

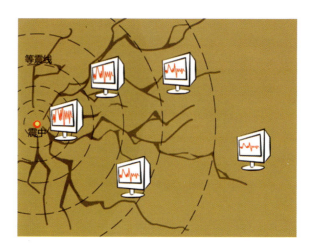

振幅"出格"示意图

新闻五

国际在线消息：据四川省地震局消息，截至4月24日10时，四川省芦山"4·20"7.0级强烈地震震区共发生余震4 045次，3级以上余震103次，其中5.0级以上地震4次，4.0~4.9级地震21次，3.0~3.9级地震78次，截至目前最大余震为4月21日17时05分发生在芦山、邛崃交界的5.4级地震。

13 新闻五中余震是指什么呢？

一次中强以上地震后，在震源区及其附近，往往有一系列地震相继发生，余震是在主震之后接连发生的成因上有联系的小地震。通常的情况是一次主震发生以后，紧跟着有一系列余震，其强度一般都比主震小。余震的持续时间可达几天甚至几个月。由于强震发生后，往往还会有较大余震，甚至更大地震发生，所以震后还须防备强余震的袭击。

1975年我国辽宁省发生了震级为7.3级的海城大地震，下图中可以明显看出主震后一系列余震发生的时间和震级。

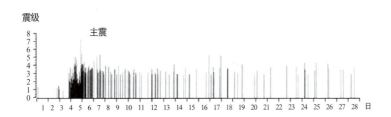

1975年2月4日辽宁海城7.3级地震

新闻六

四川省工程地震研究院院长周荣军介绍:这次地震(注:指雅安地震)还是发生在龙门山断裂带,"5·12"地震发生在龙门山断裂带的中北段,此次地震发生在南西段,芦山县从地质构造来看发生大地震很正常。(来源:四川在线 2013-04-20 15:46:00)

14 什么是断层?什么是断裂带?

断层是指岩石破裂后,两侧岩石发生显著的相对错动。由于板块的运动和作用,使地层产生形变、断裂,以致错动,形成断层。断层大小不等,大的断层水平则可绵延几千千米。多条断层聚合在一起,形成了一个断层分布密集的地带,称作断层带,即断裂带。

15 断裂带和地震有什么关系?

地震带分布与断裂带分布主要有两点密切联系。首先,绝大多数强震震中分布于活动断裂带(现今仍在活动的断裂带)内。其

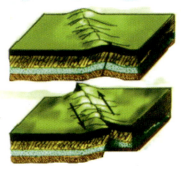

断层和断裂带形成示意图

次，在许多活动断裂带上都发现了古地震的痕迹。一般来说，古地震重复发生的时间间隔在几百年至上万年。

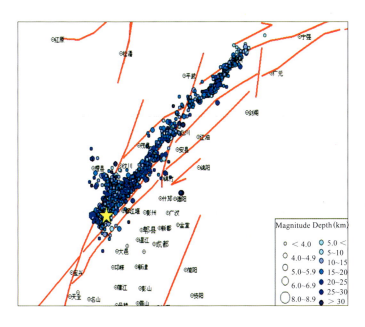

汶川地震发生在龙门山断裂带上，余震的分布主要位于中间和西侧的两条断层间

新闻七

右图为雅安芦山县地震后，四川梁山居民收到的成都高新减灾研究所发布的地震预警信息，短信传达了哪些信息呢？

16　什么是地震预警？纵波、横波指的是什么？

地震发生时,地下岩层断裂错位释放出巨大的能量,激发出一种向四周传播的弹性波,这就是地震波。地震波主要分为面波和体波。面波主要在地表传播,往往最后被记录到。体波可以在三维空间中向任何方向传播,又可分为纵波(P波)和横波(S波),这是两种主要地震波,同时由震源向外传播。纵波传播速度较快,但震动相对较小。横波速度较慢,但携带能量大,是大地震时造成破坏的元凶。地震预警系统是利用震中附近监测仪器捕捉到地震纵波后,快速估算并预测地震对周边地区的影响,抢在破坏性横波到达之前,通过电子通讯系统发布预测地震强度和到达时间的警报信息,使相关机构和公众能采取紧急措施,减轻人员伤亡和灾害损失。

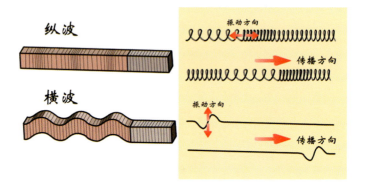

纵波:是振动方向和波的传播方向一致的波。在地壳中传播速度快,到达地面时人感觉颠簸,物体上下跳动;

横波:是振动方向和波的传播方向垂直的波。在地壳中横波传播的速度较慢。到达地面时人感觉摇晃,物体为摆动。

17　地震预警和地震预报有什么区别？

地震预报,是在地震发生之前,对地震发生时间、地点、强度(俗称地震三要素)的预测报告,地震预警是地震发生后利用地震波传播的时间差,在破坏性地震波到来前的几秒至几十秒发出提示,两者完全不同。

其实,"地震预警"存在翻译上的问题,英语为"Earthquake early warning",在日本叫"地震紧急速报",因此中文应翻译为"地震报警或地震警报",不适合翻译成"地震预警",这样容易和预报混淆。因此目前所谓地震预警,就是地震警报!它是在一个地方已经发生了地震,当地的地震监测设备在测出了地震之后,发出警报:我这地震了!由于地震波的速度只有每秒几千米,相对电磁波的每秒30万km要慢得多,人们就将地震发生的消息用电磁波手段(电话、广播、电视、网络)迅速地传给远方,在离地震发生比较远的地方,收到警报时地震波还未到达,这时采取紧急措施逃生和关闭电、气、水等生命线设施,地铁、高铁减速,等等,可以减少损失,避免次生灾害。下图是地震警示系统示意图。

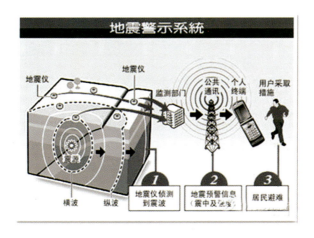

地震警示系统示意图

18 地震预警有什么意义?

由于地震的复杂性,准确预报地震在目前还很难做到。在这种大背景下,地震预警在减小地震伤亡损失上显得尤为重要。

我国地震系统的理论研究表明,如果预警时间为3s,可使人员伤亡比减少14%;如果为10s,人员伤亡比减少39%。预警时间短暂(1~5s)可以就地紧急防灾,做好心理准备;预警时间较长(10~20s),可以进行人员的疏散,并尽快关闭城市供电、燃气、化工设施,手术室等,启动应急措施。

教你读新闻

地震知识100问

19 接到地震预警信息，一定发生地震灾害吗？如果接收到了地震预警信息，应该怎么办？

地震灾害的发生，取决于很多因素，这些因素中又有很多是偶然因素。因此，很难确定地说，哪里一定会或者不会发生地震灾害。当地震预警信息发出时，只是代表地震灾害可能会发生。就好像宾馆的火灾警报发生时，你所居住的客房并不一定会出现火灾一样。但是，接到预警信息，还是应该及时采取避震措施，以防万一。

关电关气

接收者要根据自己所处的实际环境，灵活地选择避震措施。

(1)如果预警时间足够接收者撤离建筑物：那就要及时关闭火源和电源，迅速离开房间，到户外远离建筑物的空旷之处。

22

（2）如果预警时间不足以让接收者撤离建筑物：及时关闭火源和电源，迅速到坚固的家具下方或侧下方伏下（注意远离玻璃窗户），双手护头；或者到小开间的房屋中蹲下（注意远离玻璃镜或玻璃窗户），双手护头。等到地震震动过去后，再迅速离开房间，到户外远离建筑物的空旷之处。

20 我们能为地震预警系统的完善做什么？

地震预警是个复杂的社会工程，不是单靠地震部门，还需要全社会的参与，包括所有的行业和部门，关系到每一个人。如前所述，地震预警就是地震警报，对于这样的警报，各种人群、各个领域、各个行业的容忍度是不一样的。例如一般公众只要收到预警就会采取行动，并不关心预警的准确性，宁可信其有不可信其无的心态较多，"信息不确定也没关系，反正不造成损失更好，有损失人已经躲避了"，这说明公众对地震预警有较大的容忍度；再如高铁，一旦收到预警信息需要采取措施，比如先减速，可高铁需要在一两分钟里确认是大地震还是小地震或者误报，以便决定是否可以恢复运行，这说明高铁是有一定程度的容忍度的；而核电站本身有着一定的抗震等级，而且一旦停了反应堆，其恢复需要很长时间，所以不能因收到预警信息就立刻停堆，像这样的行业容忍度就低。也就是说，各行各业都收到同一个地震警报，其采取的措施有所不同，因此，我们需要建立的，是一个完善的全社会参与的预警系统。比如日本采取了市场化的方法，随着地震预警的发展，出现了许多地震预警增值服务商。也有行业自己制定统一办法的，像日本广播协会（NHK）就专门根据地震警报信号开发了供本行业使用的地震预警接收和广播电视发布系统。

只有全社会参与地震预警，才能使地震预警系统发挥减灾作用。这就像战争中的防空警报，地震部门是拉警报的，到哪里躲避、怎样躲避，还要靠自己。（整理信息来源：四川防震减灾信息网）

知识扩展

21 强震以后无强震这种说法有没有科学道理？

这个说法过于绝对，是有争议的。汶川大地震后，有专家说四川百年都不会再有强大地震，因为能量释放得差不多了。但是，没过多久雅安就发生了大地震！同时，新疆伽师地震，在3年内就发生了同样大小地震(6级)6次。之后，有些人又提出雅安地震是汶川地震的余震的说法，至今争论不休，仍无确切结论。

对地震后续的预判，一般有3种情况，主余震型(大地震后跟着一个小地震)，双震型(大地震后又跟着同样大的地震)，多震型(一次大地震后跟着连续多个大地震)。对地震的预报我们还达不到人们所期望的水平，不能凭自己猜测。对于已经发生大震的地方，也不能随意进行推测未来地震的有无，一样要做好防震措施。

22 国外科学家对地震研究作出了哪些贡献？

清朝末年，以张衡地动仪为代表的科学思路在国外得到了大力发扬。1703年法国人弗伊雷、1848年意大利人卡契托利先后发明了水银验震器——将不易蒸发的水银放置在四周凿有8个小孔的圆盘中，当水银在地震波的作用下荡漾起来时，观察者可以根据水银溢出的方向和多少来判断地震的方位和大小。但是，这些都只能在地震发生后才能进行。

近几年，日本、美国、法国等相继进行了更系统、更科学地研究。目前日本有针对东海地区的地震预报系统，该系统通过监控安置在海底400台以上的地震仪，用高性能电脑分析岩石的变化来预测。法国提出"地球透镜计划"，日本推出了"海神计划"，美国最近酝酿为期15年的"地球透镜计划"，以发展地震科学、促进地震科学在减轻地震灾害中的应用。

地震科学研究

23 我国设有哪些专门的地震监测和研究机构？

国家及省级都设有地震局，中国地震局下设地震监测司。我国研究地震的机构有中国地震局地质研究所、中国地震局地震研究所、中国地震局工程力学研究所、中国地震局地球物理研究所、中国地震局预测研究所、中国地震局地壳应力研究所。

中国地震局地质研究所

24 你知道有哪些地震方面的法律法规？

为了防御与减轻地震灾害，保护人民生命和财产安全，保障社会主义建设顺利进行，我国制定了《中华人民共和国防震减灾法》。同时，为了加强对地震预报的管理，规范发布地震预报行为，加强对破坏性地震应急活动的管理，减轻地震灾害损失，提高地震监测能力，制定了以下相应的管理条例：《地震预报管理条例》、《破坏性地震应急条例》、《地震监测管理条例》、《地震安全性评价管理条例》。

25 历史上著名的地震有哪些？

（1）历史上最为有名的海底地震海啸。公元前1450年间发生在地中海希腊东南的西雷岛上的海啸。由于海底地震造成火山爆发，竟将整个岛屿抛向高空。随后轰然坠入深深的海底。这次巨大的海啸，将西雷岛上的米若阿文化毁于一旦。

（2）20世纪最强地震——智利大地震。1960年5月21日下午3时智利发生9.5级（有说8.9级）巨大地震，在短短的一天半里，7级以上的大地震至少发生了5次，其中3次达到或超过8级。如果把整个地震过程统一起来看，智利地震规模之大，释放能量之多，堪称世界罕见。智利是世界上遭受地震危害最多的国家之一。世界上平均每年记录的9 000次地震中，21%发生在这个国家，平均每天发生5次地震，因此智利人对地震的破坏习以为常。

（3）世界上最有名的海啸地震——智利大地震。1960年5月21日智利9.5级地震引起的这次海啸在智利浪高6m，浪头高达30m。首都圣地亚哥到蒙特港沿岸城镇港口的仓库码头、民房建筑被卷走，摧毁无数。海啸使智利一座城市中的一半建筑物成为瓦砾，沿岸100多座防波堤被冲毁，2 000余艘船只被毁，损失5.5亿美元，造成1万人丧生。此外，海浪还以600~700km/h的速度，向西横扫太平洋，袭击了夏威夷群岛。当到达远离1.7万km的日本海岸时，浪高还达3~4m，使1 000多所住宅被冲走，2万多顷良田受水淹，一些巨大的船只被海浪推上陆地40~50m远，压倒了居民房屋。这次海啸造成全日本800多人死亡，15万人无家可归。

（4）世界近200多年来死伤最惨重的海啸灾难。2004年12月26日，印尼苏门答腊岛8.9级地震引发巨大海啸，29万余人遇难。最大浪高34m，波及8个亚洲国家和3个非洲国家。

（5）世界死亡人数最多的地震。1201年7月，发生在地中海东部的地震，约造成110万人死亡，伤亡主要发生在埃及和叙利亚。

26 中国历史上有哪些有名的地震？

中国自有历史记载以来，发生的特大、大型地震有46起之多，自1920年起，发生的几起大震有宁夏海原大地震、西藏察隅大地震、山东郯城大地震、辽宁海城地震、唐山地震、澜沧耿马地震、四川汶川地震、青海玉树地震、雅安地震等。

宁夏海原地震

辽宁海城地震

唐山地震

澜沧耿马地震

地震知识100问

知识扩展

四川汶川地震

玉树地震

雅安地震

27 你了解中国历史上地震检测最著名的发明——地动仪吗？

地动仪是汉代科学家张衡制作的测量地震的仪器，地动仪由精铜铸成，外表刻有篆文以及山、龟、鸟、兽等图形。仪器内部中央立着一根铜质都柱；仪体外部周围铸着八条龙，按东、南、西、北、东南、东北、西南、西北8个方向布列。龙头和内部信道

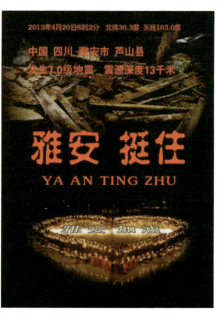

地动仪

中的发动机关相连,每个龙头嘴里衔有一粒小铜珠。地上对准龙嘴处,蹲着8个铜蟾蜍,昂着头,张着嘴。

当某处发生地震,都柱便倒向那一方,触动牙机,使发生地震方向的龙张嘴吐出铜珠,落到铜蟾蜍嘴里,发出"当啷"声响,人们就知道哪个方向发生地震。在通讯手段十分落后的古代,地动仪可以比信鸽、信使等更早得知地震的方位,帮助政府进行救灾准备。

28 我国地震灾害为什么严重？

地震作为一种自然现象本身并不是灾害,但当它达到一定强度,发生在有人类生存的空间,且人们对它没有足够的抵御能力时,便可造成灾害。地震越强,人口越密,抗御能力越低,灾害越重。

我国恰恰在以上3个方面都十分不利。首先,我国地震频繁,强度大,而且绝大多数是发生在大陆地区的浅源地震,震源深度大多只有十几至几十千米。其次,我国许多人口稠密地区,如台湾、福建、四川、云南等,都处于地震的多发地区,约有一半城市处于地震多发区或强震波及区,地震造成的人员伤亡十分惨重。第三,我国经济不够发达,广大农村和相当一部分城镇,建筑物质量不高,抗震性能差,抗御地震的能力低。所以,我国地震灾害十分严重。20世纪内,我国已有50多万人死于地震,约占同期全世界地震死亡人数的一半。

29 中国强震及地震带是怎样分布的？

中国以占世界7%的国土承受了全球33%的大陆强震,是大陆强震最多的国家,我国的地震活动主要分布在5个地区的23条地震带上。这5个地区是:①台湾省及其附近海域;②西南地区,主要是西藏、四川西部和云南中西部;③西北地区,主要在甘肃河西走廊、青海、宁夏、天山南北麓;④华北地区,主要在太行山两侧、汾渭河谷、阴山-燕山一带、山东中部和渤海湾;⑤东南沿海的广东、福建等地。我国的台湾省位于环太平洋地震带上,西藏、新疆、云南、四川、青海等省、自治区位于喜马拉雅-地中海地震带上。中国地震带的分布是制定中国地震重点监视防御区的重要依据。

地震知识100问

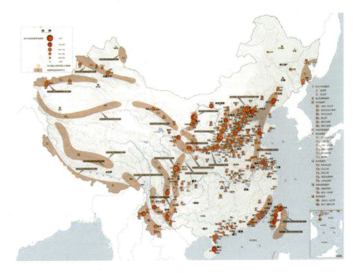

中国主要地震带示意图（图片来源：《中国国家地理》杂志2008年第6期）

30 中国的震中震级是怎样分布的？

下图由3个方面的主体信息组成。首先，以1998年版《中国自然地理图集》中的《中国地震带分布图》为蓝本。其次，给出了《中国城市近源地震等

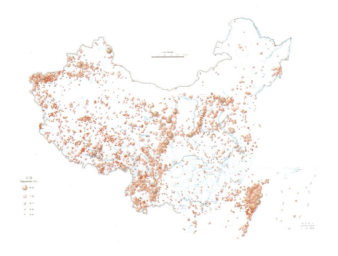

中国历史地震震中分布示意图

效震级分类图》,数据来源于《中国城市地震灾害危险度评价》(作者:北京师范大学环境演变与自然灾害教育部重点实验室徐伟、王静爱、史培军、周俊华)。在研究中,上述学者参照国际惯例,把以城市为中心、30km为半径的范围内发生的地震定义为城市近源地震。另外,据中国地震局地质研究所邓起东等发表的《中国活动构造与地震活动》一文中,记载了迄今为止发生的8级巨大地震的发生地。(选自《中国国家地理》2008年第6期)

31 什么是中国地震烈度区划?

地震烈度区划是根据国家抗震设防需要和当前的科学技术水平,按照长时期内各地可能遭受的地震危险程度对国土进行划分,以图件的形式展示地区间潜在地震危险性的差异。中国地震烈度区划图是1992年5月22日经国务院批准正式发布实施,图上所标示的地震烈度值,系指在50年期限内,一般场地条件下,可能遭遇超越概率为10%的烈度值。地震烈度区划图,系国家经济建设中地震设防的法规图件。在其适用范围内,建设项目的抗震设计和已建项目的抗震加固,均应遵照执行。

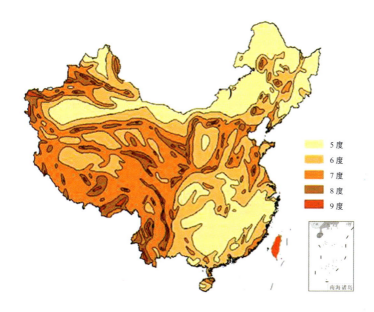

中国地震烈度区划示意图

地震预报

32 什么是地震预报?

地震预报是针对破坏性地震而言的,是在破坏性地震发生前作出预报,使人们可以防备。

地震预报必须要指出地震发生的时间、地点、震级,这就是地震预报的3要素。完整的地震预报这3个要素缺一不可。

地震预报按时间尺度可作如下划分:

长期预报:是指对未来10年内可能发生破坏性地震的地域的预报;

中期预报:是指对未来一二年内可能发生破坏性地震的地域和强度的预报;

短期预报:是指对3个月内将要发生地震的时间、地点、震级的预报;

临震预报:是指对10日内将要发生地震的时间、地点、震级的预报。

33 地震能预报吗?

地震学家目前仍无法预测地震的确切发生时间,然而随着对地下构造了解的进步,科学家能透过震灾危害度评估,提供特定规模的地震在未来数年到数十年之间,发生在某区域的几率,但这些技术的可靠性既未确立,也无法重制,所以地震学家及地质学家一般认为实用的地震预测还是梦想。

地震预报是世界公认的科学难题,在国内外都处于探索阶段,大约从20世纪五六十年代才开始进行研究。但是实践表明,目前所观测到的各种可能与地震有关的现象,都呈现出极大的不确定性;所作出的预报,特别是短临预报,主要是经验性的。

34 你知道地震预报应当由谁发布吗?

根据2008年修订通过的《中华人民共和国防震减灾法》第二十六条规定:国务院地震工作主管部门和县级以上地方人民政府是负责管理地震工作的部门或者机构,根据地震监测信息研究结果,对可能发生地震的地点、时间和震级作出预测。

其他单位和个人通过研究提出的地震预测意见,应当向所在地或者所预测地的县级以上地方人民政府负责管理地震工作的部门或者机构提交书面报告，或者直接向国务院地震工作主管部门提交书面报告。收到书面报告的部门或者机构应当进行登记并出具接收凭证。

此外，第27条指出了个人或非官方机构表达预测结果的途径——上报、待核，同时还明确规定国家鼓励、引导社会组织和个人对地震进行监测和预防。

由此可见，每个人都可以去预测地震，但擅自预报地震（即擅自将尚未审核可靠性的地震预测结果公开）是违法行为。

35 什么是地震前兆？这些异常能预测地震吗？

地震前自然界出现的可能与地震孕育、发生有关的各种征兆称作地震前兆，大体有两类。

微观前兆：人的感官不易觉察，须用仪器才能测量到的震前变化。地面变形，地球的磁场、重力场变化，地下水化学成分的变化，小地震的活动等。

宏观前兆：人的感官能觉察到的地震前兆。它们大多在临近地震发生时出现。井水的升降、变浑，动物行为反常，地声、地光等。

请牢记"不是所有的地震都有异常前兆，也不是疑似前兆后都会有地震"。多年来地震学家们一直在希望找到"确定性的地震前兆"（即任何一种在地震之前必定毫无例外地观测到、并且一旦出现必定毫无例外发生大地震的异常）。但是这种期待中的前兆，迟迟不能确定。所以，倘若观测到疑似地震前兆的异常现象，请提高警惕，及时向有关部门报告，但无需恐慌，更不能胡乱猜测散布谣言。

36 震前地下水可能会有哪些异常？这些异常能预测地震吗？

（1）水位、水量的反常变化。如天旱时节井水水位上升，泉水水量增加；丰水季节水位反而下降或泉水断流。有时还出现井水自流、自喷等现象。

（2）水质的变化。如井水、泉水等变色、变味（如变苦、变甜）、变浑，有异味等。

（3）水温的变化。水温超过正常变化范围。

但是地下水的异常不能预示地震一定发生。由于地下水很容易受到环境的影响，所以它的异常变化并非一定与地震有关。气象因素、人为因素都有可能引起地下水状态的异常。因此，发现异常后，不用恐慌或散布谣言，应及时反映给地震部门去查明原因，作出判断。

37 震前动物可能会有哪些异常？这些异常能预测地震吗？

多次震例表明，动物往往在震前出现各种反常行为，向人们预示灾难的临近。目前已发现有上百种动物震前有一定反常表现，其中异常反应比较普遍的有20多种，最常见的动物异常现象有以下几种。

地震知识100问

惊恐反应：如大牲畜不进圈，狗狂吠，鸟或昆虫惊飞、非正常群迁等。

地震预报

抑制型异常：如行为变得迟缓，或发呆发痴，不知所措；或不肯进食等。

生活习性变化：如冬眠的蛇出洞，老鼠白天活动不怕人，大批青蛙上岸活动等。

但动物的反常不一定与地震有关。因为引起动物反常现象的因素很多，例如天气变化、环境污染、饲养不当以及动物自身不适，如生病、怀孕等。所以，动物有反常表现不一定就是地震前兆。另外，有时（特别是强震发生以后）人们情绪过分紧张，也可能在观察动物行为时出现错觉。因此，发现异常后不要惊慌，应及时反映给地震部门。

避 震

38 为什么要对建筑物进行选址？建筑物选址需要注意什么？

房屋受到地震破坏的程度与房屋基础是否稳定有很大关系。同样结构的房屋建立在稳定地块上的要比建立在不稳定地块上的安全得多。选择一块安全稳定的地块往往比房屋本身牢固更为重要。

房屋选址尽量选在历史上未发生或少发生地震的地带。若在多发生地震地带建房，应当听从专家指导，选在当地较稳定的地带。

图中所示为汶川地震距震中50多千米的白鹿中学震后情景，图中操场尽头本是一幢教师宿舍，地震时刚好被断裂穿过，如今已完全成为了废墟，而左右的两幢教学楼，只是玻璃略有破损。由此，房屋选址的重要性不言而喻。

39 什么样的建筑场地易发生地震？什么样的建筑场地有利于避震？

地段类别	地质、地形、地貌
有利地段	稳定基岩，坚硬土，开阔、平坦、密实、均匀的中硬土等
不利地段	软弱土、液化土、条状突出的山嘴，高耸孤立的山丘，非岩质的陡坡，河岸和边坡的边缘，平面分布上的成因、岩性、状态明显不均匀的土层（如古河道、疏松的断破裂带、暗埋的塘浜沟谷和半填半挖地基）等
危险地段	地震时可能发生滑坡、崩塌、地陷、地裂、泥石流等及地震断裂带上可能发生地表错位的部位

稳定的岩石、土体才能建房

危险地段不能建房

40 城镇哪些住房环境不利于抗震？

处于高大建筑物或高悬物（如高楼、高烟囱、水塔、高大广告牌等）下的房屋，震时易遭受这些高大建筑物倒塌；在高压线、变压器等危险物下，震时电器短路容易起火；在危险品生产地或仓库附近，震时工厂受损易引起毒气泄露、燃气爆炸等。

避 震

41 农村和山区哪些住房环境不利于抗震？

陡峭的山崖下，不稳定的山坡上：地震时易形成山崩、滑坡等可危及住房；不安全的冲沟口（如平时易发生泥石流的地方）；堤岸不稳定的河边或湖边：地震时岸坡崩塌可危及住房。

如果住房环境不利于抗震，就应当更加重视住房加固；必要时，应撤离或搬迁。

防 震

42 什么样的房屋结构有利于防御地震？

钢结构住宅：低层别墅的屋面大都采用的是由冷弯型钢构件做成的三角型屋架体系,轻钢构件在封完结构性板材及石膏板之后,形成了非常坚固的"板肋结构体系",这种结构体系有着更强的抗震及抵抗水平荷载的能力,抗震能力较强。

钢筋混凝土框架结构住宅：这是目前商品房的最常见形式,主要指由钢筋混凝土梁、柱、墙、盖为骨架的住宅,抗震性能比较好。

砖混结构住宅：这种住宅系由砖墙支撑和现浇、预制钢筋混凝土板盖成的住宅,其抗震性能受建材质量和施工质量影响较大,如果建材质量和施工质量不过关,其抗震能力将大打折扣。

由此可见,抗震效果比较好的是钢结构、钢筋混凝土结构,抗震效果较差的是砖混结构。

43 房屋的抗震性能和地震烈度有什么关系呢？

已经正式启用的《住宅使用说明书》对住宅的结构、性能和各部位的类型、性能、标准等都作出了说明。在您购买现房时应要求卖方提供,购买期房也应在交房时索取。

地震等级与抗震等级是有区别的,抗震设防标准为8度,但这并非是指能抵御8级地震,而是大体相当于能抵御6级左右地震震中区的破坏烈度。不过大可不必惊慌,因为即使像唐山地震对北京的影响也低于这个标准,因此其抗震等级已经是够安全了。

对于钢结构住宅,其抗震能力较好,适用于抗震烈度为8度以上的地区。

对于钢筋混凝土框架结构住宅,在9度以下地震时,其抗震性能较好,但里面的隔断和围墙若用砖砌成,在7~8度地震时即可能出现裂缝,对人和室内设备造成毁坏。

对于砖混结构住宅。砖的抗压性强,但韧性差,一遇到6~7度地震破坏就会局部开裂和散落,8度时裂缝会更大,稳定性差的会倒塌。但如果施工质量确实好,这类房屋只有在10度时才会被严重破坏或倒塌。通常这种结构房屋易发生问题的部位和构件有跨度大的横梁、楼梯间墙体和开有较大洞口的墙体等。地震发生时,住户应避开这些部位和构件,进入结构稳定并具有小空间的部位,如厕所、小厨房等。

44 你知道哪些传统房屋结构能有效抗震吗?

木结构房屋由于自身重量轻,地震时吸收的地震力也相对较少,由于楼板和墙体体系组成的空间箱型结构使构件之间能相互作用,具有较强的抵

木结构房屋

抗重力、风和地震能力。从历次震后的调查情况看,木结构承重砖围护墙结构形式的抗震性能较砖石结构要好。所以说,木结构房屋具有良好的受力性能,能够作为一种好的结构形式使用。

45 地震频发地区,房屋装修和施工应注意什么?

(1)房屋平面布置要力求与主轴对称,并尽可能简单。

(2)房屋重心要低,屋顶用轻质材料,尽量不做或少做那些既笨重又不稳定的装饰性附属物,如女儿墙、高门脸等。

(3)房屋的高度和平面尺寸要有所限制,房屋之间应适当留建防震缝。

(4)结构要力求匀称,构件要联成整体,要采取措施加强连接点的强度和韧性。

(5)墙体在交接处要咬合砌筑,承重墙上最好设置圈梁,并在横墙上拉通。横墙应密些,尽量少开洞,屋顶与墙体应连成整体,预制板在墙或梁上要有足够的支撑长度。

(6)建筑材料要力求比重轻、强度大,并富有韧性。

(7)提高施工质量,认真按操作规程办事,砖块要错缝咬砌,灰浆要饱满。

46 如何加固已建房屋和及时维修老旧房屋?

墙体的加固。墙体有两种,一种是承重墙,另一种是非承重墙。加固的方法有拆砖补缝、钢筋拉固、附墙加固等。

楼房和房屋顶盖的加固。一般采用水泥砂浆重新填实、配筋加厚的方法。

建筑物突出部位的加固。如对烟囱、女儿墙、出屋顶的水箱间、楼梯间等部位,采取适当措施设置竖向拉条,拆除不必要的附属物。

墙体加固

47 地震频发地区的居民日常应准备哪些震后应急物资呢？

常备家庭应急箱，内装瓶装饮用水、手电筒、医药包、收音机、干粮、绳子等防灾用品以备不时之需。

48 怎样摆放室内物品才有利于避震？

地震时，室内家具、物品的倾倒、坠落等，常常是致人伤亡的重要原因，因此家具物品的摆放要合理。

（1）防止掉落或倾倒伤人、伤物，堵塞通道；

（2）有利于形成三角空间以便震时藏身避险；

（3）保持对外通道的畅通，便于震时从室内撤离；

震后应急物资

(4)处置好易燃、易爆物品,防止火灾等次生灾害的发生。

为保证室内的安全,我们可以作以下的改进。

(1)把悬挂的物品拿下来或设法固定住;

(2)高大家具要固定,顶上不要放重物;

(3)组合家具要连接,固定在墙上或地上;

(4)橱柜内重的东西放下边,轻的东西放上边;

(5)储放易碎品的橱柜最好加门、加插销;

(6)尽量不使用带轮子的家具,以防震时滑移。

49 为什么卧室的防震措施最重要?

地震可能发生在你睡觉的时候,睡觉时人对地震的警觉力最差,从卧室撤往室外的路线较长,因此,按防震要求布置卧室至关重要。

(1)床的位置要避开外墙、窗口、房梁,摆放在坚固、承重的内墙边;

(2)床上方不要悬挂吊灯、镜框等重物;

(3)床要牢固,最好不使用带有轮子的床;

(4)床下不要堆放杂物;

(5)可能时给床安一个抗震架。

50 什么是抗震救灾演习?有什么意义?

抗震救灾演习(防震演练)指平时在全民中普及和开展防震救灾演练,进行必要的自救和他救训练。内容包括家庭、学校、医院、单位和各种公共场所,确认室内室外相对安全地带,配备室内应急自救简易安全箱。

地震的发生十分突然,若没有准备,将造成巨大的人员财产损失。而抗震救灾演习则可以让参与者熟悉地震中逃生的基本流程，避免在逃生中因为慌乱而导致的伤亡，对于抗震救灾有十分重大的意义。现在抗震救灾演习主要在学校、机关等人员密集的单位进行演练。

地震时若在开阔的操场等地，只要避开了高大的建筑和各种危险地段，就可以原地不动，注意保护头部，就地避难。

地震逃生

51 家住楼房怎样避震？

（1）寻找室内较安全的避震地点尽快躲避，而不是急于逃出室外。躲藏在牢固的桌下或床下，低矮、牢固的家具边，开间小、有支撑物的房间，如卫生间，震前准备的避震空间。

（2）不要滞留在床上，否则容易被塌落的天花板或者飞来的家具砸伤。

地震知识100问

地震逃生

（3）不要跳楼；不要到阳台上去。

（4）不要到外墙边或窗边去，否则容易被甩出而坠楼。此外，破碎的玻璃也可能造成附加的伤害。

（5）不要到楼梯去，因为楼梯很容易在震时倒塌，也不要去乘电梯。

47

地震知识100问

地震逃生

（6）如果震时在电梯里，应尽快离开，若门打不开要抱头蹲下，抓牢扶手。

52 家住平房怎样避震？

（1）有条件时尽快跑到室外避震。如果屋外场地开阔，发现预警现象早，可尽快跑出室外避震。

（2）室内避险较安全的地点。选择躲避的原则与身处楼房内基本相同。可选择炕沿下或低矮、牢固的家具边以及牢固的桌子下或床下。

53 当选择了合适的地点躲避后,我们还应该注意哪些问题呢?还要注意哪些细节呢?

(1)趴下,使身体重心降到最低,脸朝下,以避免因摔倒而受伤;不要压住口鼻,以利于呼吸;蹲下或坐下,尽量蜷曲身体;抓住身边牢固的物体,以防摔倒或因身体移位暴露在坚实物体外而受伤。

(2)保护头颈部:低头,用手护住头部和后颈;有可能时,用身边的物品,如枕头、被褥等顶在头上;保护眼睛:低头、闭眼,以防异物伤害;保护口、鼻;有可能时,可用湿毛巾捂住口、鼻,以防灰土、毒气。

(3)避免其他伤害。不要随便点明火,因为空气中可能有易燃易爆气体充溢;同时,要避开人流,不要乱挤乱拥。无论在什么场合,街上、公寓、学校、商店、娱乐场所等,均如此。因为,拥挤中不但不能脱离险境,反而可能因跌倒、踩踏、碰撞等受伤。

地震逃生

54 在影剧院、体育馆等处遇到地震怎么办?

(1)就地蹲或趴在排椅旁。

(2)注意避开吊灯、电扇等悬挂物。

(3)用书包等保护头部。

(4)等地震过去后,听从工作人员指挥,有组织地撤离。

55 在商场、书店、展览馆、地铁等处遇到地震怎么办?

(1)选择结实的柜台、商品(如低矮家具等)或柱子边,以及内墙角等处就地蹲下,用手或其他东西护头。

地震知识100问

地震逃生

（2）避开玻璃门窗、橱窗和柜台。

（3）避开高大不稳和摆放重物、易碎品的货架。

（4）避开广告牌、吊灯等高耸或悬挂物。

地震知识100问

56 乘坐电(汽)车时地震怎么办？

(1)抓牢扶手,低头,以免摔倒或碰伤。

(2)降低重心,躲在座位附近,以防发生事故时受伤。

(3)地震过去后再下车。

57 自驾出行时地震怎么办？

（1）在确保安全的情况下，尽快靠边停车，留在车内。

（2）不要把车停在建筑物下、大树旁、立交桥或者电线电缆下。

（3）不要试图穿越已经损坏的桥梁。

(4)地震停止后小心前进,注意道路和桥梁的损坏情况。

58　怎样防范余震?

地震的主震过后往往伴随着较小的余震。

一般经历过地震的灾民应该对余震有一定的心理准备,余震来临时应根据本人所在的位置采取不同方法。首先要避免惊慌,以免出现踩踏、挤伤。余震发生时,如果在家,要尽量选择躲在卫生间、厨房等面积稍狭小的地方,关闭电器阀门。如果在学校,要有序地前往空旷地带,不要乱跑或跳楼。如果正在街上走,最好将身边较软的物品顶在头上,也可用手护在头上,不要躲在电线杆和围墙附近,应立即跑向比较开阔的地区躲避。一定不要冲动、惊慌,最好不要大喊大叫,这样会使体力下降,耐受力降低。

59　地震被埋怎么办?

地震来临时,如果你正身处室内,又没有来得及从室内逃出,从而被困在倒塌的废墟中,那你应该怎么办呢? 想象一下,此时的你身体可能已经受伤,身边又没有充足的食物和水,更严峻的是,你很可能身处在没有光亮的黑暗之中。冷静下来,不要绝望,让我们来一起学习如何在黑暗中自救吧!

地震知识100问

地震逃生

(1) 设法把双手从埋压物中抽出来。

(2) 挪开脸前、胸前的杂物；清除口、鼻附近的灰土，保持呼吸畅通。

(3) 闻到煤气及有毒异味或灰尘太大时，设法用湿衣物捂住口、鼻。

（4）应设法避开身体上方不结实的倒塌物、悬挂物或其他危险物；搬开身边可搬动的碎砖瓦等杂物，扩大活动空间。

注意，搬不动时千万不要勉强，防止周围杂物进一步倒塌；设法用砖石、木棍等支撑残垣断壁，以防余震时造成新的危害；不要随便动用室内设施，包括电源、水源等；也不要使用明火。

60 被埋后如何逃生？

当以上的自救工作完成后，相信你所处的环境已经大大改善。但是，如何从废墟中逃生呢？又如何在废墟中引起营救人员的注意呢？

（1）设法与外界联系。不妨屏住呼吸，仔细听听周围有没有其他人。听到人声时就用石块敲击铁管、墙壁，以发出呼救信号。注意，不要大声呼喊

地震逃生

或者在废墟中过分的活动,那样既浪费体力,又容易导致废墟进一步倒塌,更加危险。

(2)试着寻找逃生通道。我们不妨先观察四周有没有通道或光亮,如果发现光亮,说明你的位置离出口可能不远。此时,冷静回忆并分析自己所

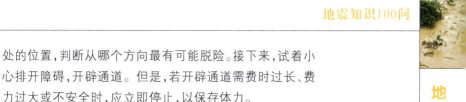

处的位置,判断从哪个方向最有可能脱险。接下来,试着小心排开障碍,开辟通道。但是,若开辟通道需费时过长、费力过大或不安全时,应立即停止,以保存体力。

61 被埋后迟迟等不到救援怎么办?

倘若既没有人在第一时间营救,自己也没有找到逃生的通道,不要绝望!要知道,从地震发生到救援人员到达有可能需要数小时到数天的时间。2005年11月17日,巴基斯坦地震救援部门报道:一位地震后被埋在废墟里的男子成功获救,经查证,从被埋到获救,他在废墟里度过了整整27天!可见,即便没有马上得救,也不要放弃希望,坚持的时间越长,获救希望越大!在这段难熬的时间里,要耐心保护自己,等待救援。

(1)注意保存体力。受伤或害怕时不要大声哭喊,尽量闭目休息;不要勉强行动,待外面有人营救时,再按营救人员的要求行动。

（2）维持生命。尽可能的寻找身边的食物和水并节约使用食物和水。研究表明，人可以多日不吃饭，但如果不喝水生命只能维持3天。实在找不到饮用水时，可用尿液解渴。

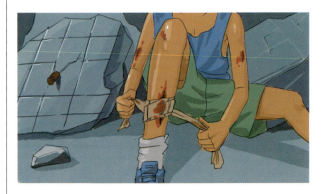

（3）如果自己已经受伤，要想办法包扎、止血，防止伤口感染并尽量少活动。

（4）被救出后，一定要按医生要求保护眼睛，长时间处在黑暗中的眼睛不能受强光刺激。此外，进水进食要听医嘱，以免肠胃受到伤害。

震后救援

62 搜救工作都有哪些要点？又有哪些原则呢？

（1）幸存者可在坍塌建筑物中的蜂窝状空穴存活2~3周以上。在完全排查所有空穴之前，或搜救时间已超过3周之前，绝不轻易放弃。

（2）为达到最高效率，搜索和营救应由独立团队完成。

（3）当使用不能直接确认幸存者存在(如目视、对话)的搜索方式(搜救犬、声学仪器)时，须由两个独立搜索分队确认，以保证之后的营救工作有的放矢。

（4）搜救区域必须严格戒严，并最大可能保持安静。

（5）使用固定、醒目的符号对已经完成搜索的区域进行标识，以节约宝贵的时间和人力。

（6）在搜救人力、资源、时间有限时，须对搜救地点的优先级进行选择。

（7）每个营救地点都必须指定一人专门负责协调，统一指挥，全权进行人员调度。

63 震后如何解决灾民的居住问题呢？

地震过后，如果缺乏合理的组织，灾民往往都是在自家原倒塌房屋的废墟上或者自家附近的空地上搭建的简易窝棚居住，很不安全。在农村，如果地震时在收割的季节，这样居住也不利于粮食的存储。针对这样的问题，我们提倡灾民共同讨论建立大的居住帐篷，类似于一个小社区，有八九户人家

震后村民居住的窝棚

修建好的大棚

共同居住,建立集体活动场所,如公共洗澡地方和储藏粮食的地方。

建立棚屋社区的主要优势:改善了灾民的居住条件,明显提高了他们的居住状况。棚屋可防风、防晒,且可以储存粮食、日用品,保护现有物品不再受损。另外,这样的棚屋组织,形成了一个良好辅助老弱的氛围,灾民可以相互扶持。

64 经历地震灾害后,灾民应如何进行自我心理调节呢?

地震的突然发生往往给灾民的心理带来巨大的打击。对于灾民而言,自我心理调节包括了个人心理调节和集体心理调节两方面。

个人心理调节:是指保证自己有规律的作息与饮食,及时向他人提出自己的需求。

地震知识100问

震后救援

保证睡眠与休息,如果睡不好可以做一些放松和锻炼的活动

保证基本饮食,食物和营养是我们战胜疾病创伤和康复的保证

与家人和朋友聚在一起,有任何的需要,一定要向亲友及相关人员表达

个人心理调节

集体心理调节:是指及时与他人分担悲痛,大家一起共度难关。

不要隐藏感觉,试着把情绪说出来,并且让家人一同分担悲痛;不要因为不好意思或忌讳,而逃避和别人谈论自己的痛苦;不要阻止亲友对伤痛的诉说,让他们说出自己的痛苦,是帮助他们减轻痛苦的重要途径之一;不要勉强自己和他人去遗忘痛苦,伤痛会停留一段时间,是正常的现象,更好的方式是与我们的朋友和家人一起去分担痛苦。

集体心理调节

65 救援者对灾民可以做哪些心理援助？

作为救援者，在救死扶伤之余，给予灾民们一定的心理慰藉也是非常重要的，主要包括以下几点：

（1）一定要满足他们基本的食物及避难场所的需要以及一些紧急医疗救护，最好能够不断提供关于如何简单、准确地取得这些资源的信息；

（2）对愿意分享他们的故事和情感的生还者，一定要聆听，记住，在感受方式上没有对和错；

（3）一定要友好和富有同情心，即使他们很难相处；

（4）一定要给他们提供关于灾难、损失和救援努力的准确信息，这有助于他们了解目前的情况；

（5）尽量帮助他们联系朋友及亲人；

（6）尽量让一家人待在一起，尽可能地让孩子与父母以及其他亲人在一起；

（7）尽量给他们切实可行的建议，使他们可以帮助自己；

（8）告诉他们目前所提供救援服务的种类及所在位置，引导他们得到可以获得的帮助；

（9）如果你知道还有更多的帮助和救援力量正在赶来，一定要在他们表现出害怕和担心的时候进行提醒。

心理专家对灾民进行心理援助

与此同时，救援者也要避免问一些不该问的问题，说一些不该说的话，以免适得其反。

（1）一定不要强迫生还者向你诉说他们的经历，尤其是涉及隐私的细节；

（2）一定不要只给简单的安慰，比如："一切都会好起来的"或者"至少你还活着"等；

（3）一定不要告诉他们你个人认为他们现在应该怎么感受、怎么想和如何去做，以及之前他们应该怎么做；

（4）一定不要空许诺言；

（5）一定不要在需要这些服务的人们面前抱怨现有的服务或是救助活动。

66 地震搜救救援队是如何组织的？主要任务是什么呢？

地震搜索行动通常配置两支搜索分队，每支均可作为首发队伍或后续队伍，从而持续交替执行任务。一支搜索分队应该包括队长、搜救犬专家和技术搜索人员等。

地震搜救队主要执行的任务包括对受灾区域内建筑物进行侦查评测，包括建筑物结构、估测和系统报告；幸存者位置确认；对于危害的鉴别和标识，评判一切潜在危险，例如建筑物的悬空部分、结构不稳或者潜在坍塌区域、有害物质、煤气、水电等。危险区域应该用警戒线标示并管制；对受灾区域内部及周边的基本空气情况进行评估；对搜索区域进行信息概括并列出所有需要注意的问题，向搜救行动指挥部报告搜索发现，并就搜救优先顺序安排提出建议。

67 常用的搜救手段有哪些？

（1）搜救犬搜索。搜救犬分队通常由两只搜救犬及其驯犬师和一名队长组成。任务开展初期一般部署两支搜救犬分队参与搜救。一支搜救犬分队发现有幸存者的可疑区域后，队长应将该分队调离该区域。同时派遣一支分队对该区域再次搜索。如果第二支搜救犬分队确认该区域有幸存者，则标记该区域。队长随后将标记结果报送搜救行动指挥部，以便采取后续营救行动。

（2）技术搜索。主要使用声波、振动监听设备进行搜索。如必要，也可使用光导纤维设备、红外热成像（如果条件许可）等设备。

（3）人工搜索。在受灾区域内部署人工搜索，直接对空穴和狭小区域进行搜索，寻找幸存者。搜索人员也可排成队列倾听幸存者发出的声音。使用大功率扬声器或其他喊话设备向被困的幸存者喊话并给予指示，搜索人员仔细倾听并标识出有声音的区域。

68 搜救时常使用哪些搜救策略呢?

(1)将待搜索区域分区。这种方式对于面积较小的搜索区域较为适用,但对于较大的区域(如一个城市或城市的一部分)来说,因营救资源有限,并不实用。

(2)针对不同类别的受灾地区设置搜索优先级。最可能有幸存者的地区(根据建筑类型来判断)以及潜在幸存人数最多地区(根据受灾建筑的用途判断)应给予优先考虑。例如学校、医院、养老院、高层建筑、复合住宅区和办公楼等,应优先开展搜救行动。

(3)在营救资源不足以同时应付所有搜救机会时,须迅速决定营救先后。发生这种情况时,营救分队必须考虑以下的因素:幸存者生还的可能性和耐久能力;搜救难度和所需时间;搜救行动的预计结果(例如对一人的救援应让位于对两名或多名幸存者的救援);搜救人员的安全。

次生灾害

69 什么是地震的次生灾害,常见的次生灾害有哪些?

地震次生灾害指强烈地震发生后,自然以及社会原有的状态被破坏,造成的山体滑坡、泥石流、水灾、瘟疫、火灾、爆炸、毒气泄漏、放射性物质扩散对生命产生威胁等一系列的因地震引起的灾害,统称为地震次生灾害。地震次生灾害按其成因、种类一般分为火灾、毒气污染、细菌污染等。其中火灾是次生灾害中最常见、最严重的。

炭疽杆菌

70 地震火灾是怎样引起的？

（1）炉火引起。火灾由于地震震动导致炉具倾倒、损坏，引起火灾。目前，该类火灾在我国占主要比例。

（2）电气设施损坏引起。强烈地震时，电气线路和设备都有可能损坏或产生故障，有时还会发生电弧，引起易燃物质的燃烧，产生火灾。

（3）化学制剂的化学反应引起。化验室、实验室、化学仓库里的化学品剂，品种多、性质复杂。强烈地震时，各种品剂产生碰撞或掉在地上，容器或包装破坏，化学品剂脱出或流出。

（4）高温高压生产工序的爆炸和燃烧。有些生产工序，特别是化工生产中的聚合、合成、磷化、氧化、还原等工序，一般都具有放热反应和高温高压特点，极易产生爆炸和燃烧。

（5）易燃、易爆物质的爆炸和燃烧。易燃易爆物质有气体、液体和固体3种。主要有天然气、煤制气、沼气、乙炔气、石油类产品、酒类产品、火柴、弹药等。

（6）烟囱损坏强烈。地震对烟囱的破坏是很大的，由于烟囱损坏，烟火很容易飘出炉外，引起火灾。

（7）防震棚是震区的一个较普遍的火灾源头。首先，防震棚多是简易临时建筑，搭建很快，很少考虑安全防火措施。另一方面主要是人们缺乏防火知识，思想麻痹，用火不慎造成的。

71 当地震引起火灾时该如何自救和救人？

遇到地震不要慌张，首先家用炉火应扑灭，家用煤气应关闭，家用电器应切断电源,消除火源。只要有可能的话,避难之际,要设法关掉煤气总开关。

在工厂作业时,如遇上地震,在冲出工作场所避难前,要尽可能切断电源,消除隐患。

煤气罐、储油罐损坏,油气泄出,容易发生中毒和火灾,要立即封锁现场,防止火源进入,防止行人进入。

遇到火灾时:趴在地上,用湿毛巾捂住口、鼻。地震后向安全地方转移,要匍匐、逆风而行。

72 地震水灾是怎样造成的?

地震次生水灾是指因地震造成的地形及水工建筑的破坏导致的洪水泛滥。另外还有一类小型的水患,如震后喷砂冒水,蓄水池、水塔的破坏等,因单次灾害较小,为区别起见,称之为地震水害。

地震水灾的危害是极其严重的,虽然世界上发生的地震水灾次数较少,但单次灾害的伤亡损失严重,有的甚至要大于地震的直接灾害,因而必须引起人们的重视。

地震水灾有以下一些产生原因。

(1)地震滑坡、泥石流堵塞河流。强烈地震造成山崩、滑坡或泥石流,大量的岩石、泥土填入河谷,堆坝截流蓄水,淹没河谷两岸的城镇、村庄、土地。随着蓄水量增多,或遇余震时,即崩决,蓄水奔出,可造成下游的灾害。

(2)地震滑坡、泥石流填入湖泊、水库。山区的湖泊,一般都几面环山,水库一般是利用山间谷地筑坝蓄水,湖、库周围坡度较大,蓄水后影响坡体稳定。地震时,周围山体容易引起滑坡。滑坡填入湖泊、水库,使水位上升,外流形成灾害。

(3)地震破坏水利工程建筑。有的水利工程建筑震前未设防或地震烈度超过设防烈度,有的水利工程建筑年久失修,地震时容易造成破坏形成水灾。

(4)地面陷落注水。地震时,由于构造运动或振动,断块下陷,地下洞穴或采空区塌陷,造成大面积陷落,当湖、海、河或地下水注入后即可成灾。

(5)地震破坏矿井涌水。

(6)地震海啸引起沿海水灾。

地震引起水灾

73 当地震引起水灾时该如何自救和救人？

地震可能会造成大坝崩溃直接形成洪水。地震若发生在山区，山体崩塌等可能堵塞河道，形成堰塞湖，垮塌后也会形成洪水。

因此应及时了解震区大坝和堰塞湖的安全讯息，得到通知应立即撤离危险地带。并且，应离开大水渠、河堤两岸，避免遭受洪水袭击。严格避免在下游河道搭建抗震棚。

躲避次生水灾害还应做到：熟悉撤离路线；熟悉预警信号。

74 地震海啸是怎样形成的，它对我国有危害吗？

地震海啸由于海底或海边地震，以及火山爆发所形成的巨浪，叫做地震海啸。通常在6.5级以上的地震，震源深度小于20~50 km时，才能发生破坏性的地震海啸。产生灾难性的海啸，震级则要有7.8级以上。毁灭性的地震海啸全世界大约每年发生一次,尤其是最近几年发生的地震海啸破坏性极大。

环太平洋地震带浅源大地震最多,深海海沟的分布也最广泛,故地震海啸多发生在这一海域。据统计,世界上近80%的地震海啸发生在太平洋四周沿岸地区,其中受地震海啸袭击最严重的是夏威夷,其次是日本。

近几年地震海啸频发,先后发生了印尼、日本、智利等多次地震海啸,而中国沿海所受到的影响并不大。究其原因有以下两点。

(1)中国外有日本岛弧、琉球群岛、菲律宾群岛、印尼等一系列岛屿形成的一条天然保护屏障,减弱了海啸的能量。

(2)中国近海普遍有延伸的大陆架,也能减弱海啸能量。

海啸

75 什么是疫情?什么是疫病?

疫情指疫病的发生和发展情况。

疫病指发生在人、动物或植物身上,并具有可传染性的疾病的统称,俗称传染病,一般由寄生虫、细菌、病毒等微生物引起。

中医对疫病的了解:疫病是指感受疫疠之邪而引起的具有传染性并能造成流行的一类疾病,属外感病的范畴。

任何一个传染病的发生和流行都具备3个环节,第一个是有携带病毒的传染源;第二个是有适合于病毒传播的途径和渠道;第三个是存在易感的人群。这3个环节缺一不可,对一个传染病的流行来说必须具备这3个环节,只要任何一个环节被阻断,那这个传染病就不会发生和流行。

(1)控制传染源。隔离和治疗现患的病人。

(2)切断传播途径。哪怕是艰苦的灾后环境里,仍然不可忽视讲究个人卫生和环境卫生。

(3)保护易感人群。正常的健康人要尽量采取措施,加强自我防护,锻炼身体,预防接种。

病人应迅速隔离　患者的衣物、用具、便具要及时消毒　一定要保护好水源　消灭苍蝇

不喝生水不吃腐烂变质的食物　饭前便后要洗手　食用生冷食物一定要清洁　剩饭、剩菜一定要充分加热后再食用

76 震后为什么会出现疫情？会有些什么疫情发生？

出现疫情的原因有以下3个方面。

(1)传染源的形成。因为地震会造成人员的伤亡,而死亡者的尸体由于被废墟掩盖和填埋,往往得不到及时清理,容易发生腐烂,产生大量的致病菌,由人体腐烂产生的病菌特别容易感染人类。因为地震造成泥土层的变化,平时埋藏于地下深处的许多致病菌,也随着泥土的变化上升到地表。

(2)传播途径的增加。地震后通常灾区会出现大量降水,人体腐烂生成的病菌和来自地下的病菌将会随着流水流向各个地方,造成水源的污染。降水过后,天气好转,各种致病菌将会随着空气四处散播。

(3)易感人群的增多。地震中受伤者众多,许多人得不到很好的休息,身体抵抗力下降,是疫病乘虚而入的好机会。地震会造成供水困难,难免出现直接饮用不清洁水;受伤群众多会群聚一起,如果出现空气污染,将会是成片患病,再加上此时运输困难、医生缺乏、药品不足等各种条件限制,不利于疫情的及时有效控制。所以地震后都怕发生疫情,尤其是气温较高的时候。

根据以往经验,以下是地震后可能引发的病症:霍乱、甲肝、伤寒、痢疾、感染性腹泻、肠炎等;乙脑、黑热病、疟疾等;鼠疫、流行性出血热、炭疽、狂犬病等;破伤风、钩端螺旋体病等;常见传染病,包括流脑、麻疹、流感等呼吸道传染病等。

勤洗手预防疫情

77 霍乱出现时会有什么表现?传播方式有哪些?

霍乱:除少数病人有短暂(1~2日)的前驱症状表现为头昏、疲倦、腹胀和轻度腹泻外,为突然起病。大多数病例突起剧烈腹泻,继而呕吐,个别病例先吐后泻。腹泻为无痛性,亦无里急后重。每日大便可自数次至十数次,甚至频频不可计数。大便性质初为色稀水便,量多,转而变为米泔水样。少数病例出现血水样便。呕吐为喷射状,次数不多,也渐呈米泔水样,部分病例伴有恶心的症状。之后会出现神态不安,表情恐慌或淡漠,眼窝深陷,声音嘶哑，口渴，唇舌极干，皮肤皱缩、湿冷且弹性消失，指纹皱瘪，腹下陷呈舟状，体表温度下降。

霍乱病人或带菌者是霍乱的传染源。霍乱可通过饮用或食用被霍乱弧菌传染而又未经消毒处理的水或食物，接触霍乱病人、带菌者排泄物污染的手和物品以及食用经苍蝇污染过的食物等途径传播。

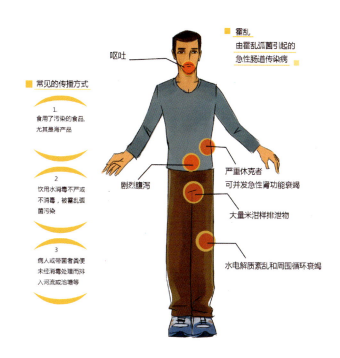

78 甲肝出现时会有什么表现？

甲肝：主要表现为急性肝炎，分为急性黄疸型及急性无黄疸型，典型急性黄疸型甲型肝炎表现为起病急，早期有胃寒、发热、全身乏力、食欲不振、厌油腻、恶心、呕吐、腹痛、肝区痛、腹泻，尿色逐渐加深渐呈浓茶色。少数病例以发热，头痛，上呼吸道症状为主要表现，此时易误诊为上呼吸道感染，黄疸出现前，早期消化道症状明显容易误诊为胃炎或消化不良。随着病程进展，上诉自觉症状减轻，发热减退，但尿色继续加深，眼睛巩膜，皮肤出现黄染，约于2周达高峰，可伴有大便颜色变浅、皮肤瘙痒，肝肿大，有充实感，有压痛及叩击痛，部分患者脾肿大，以上症状可持续2~6周。到恢复期黄疸逐渐消退，症状减轻至消失，肝脾回缩，肝功能逐渐恢复正常。总病程约2~4个月。

在我国，震后会针对灾区12岁以下的儿童，根据"知情同意、自愿免费接种"的原则，接种甲肝疫苗。

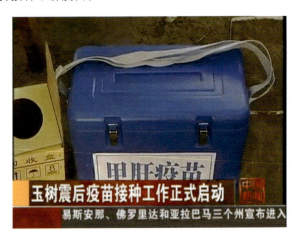

79 伤寒和痢疾出现时会有什么表现？

伤寒：多数起病缓慢，发热，体温呈现阶梯样上升，5~7日高达39~40℃，发热前可有畏寒，少有寒颤，出汗不多。常伴有全身不适、乏力、食欲不振、腹部不适等，病情逐渐加重。

痢疾：临床表现为腹痛、腹泻、里急后重、排脓血便，伴全身中毒等症状。婴儿对感染反应不强，起病较缓，大便最初多呈消化不良样稀便，病程易迁延。3岁以上患儿起病急，以发热、腹泻、腹痛为主要症状，可发生惊厥、呕吐。志贺氏或福氏菌感染者病情较重，易出现中毒型痢疾，多见于3~7岁儿童。人工喂养儿体质较弱，易出现并发症。

80 乙脑、黑热病和疟疾出现时会有什么表现？

乙脑：发病多见于10岁以下儿童，以3~6岁儿童发病率最高。该病症起病急，体温急剧上升至39~40℃，伴头痛、恶心和呕吐，部分病人有嗜睡或精神倦怠,并有颈项轻度强直,病程1~3天。之后体温持续上升,可达40℃以上。初期症状逐渐加重,意识明显障碍,由嗜睡、昏睡乃至昏迷,昏迷越深,持续时间越长,病情越严重。神志不清最早可发生在病程第1~2日,但多见于3~8日。重症患者可出现全身抽搐、强直性痉挛或强直性瘫痪,少数也可软瘫。

黑热病:最为常见的症状为①发热。多伴有大汗,小儿可惊厥。1/3病例的热型酷似伤寒,1/3病例呈双峰热型。还有一些病人突发稽留型高热,以后转变为不规则热型或间歇热型。②肝脾肿大。脾大尤为明显。

疟疾:早期出现头痛、恶心、食欲不振症状,开始时出现无规律发热,之后隔日发1次热或3日发1次热。

81 鼠疫和破伤风出现时会有什么表现?

鼠疫:起病急骤,有畏寒、发热及全身毒血症症状,可有呕吐、腹泻及身体各部位出血,亦会出现呼吸急促、发绀、血压下降及全身衰竭等症状。

破伤风:患者常有坐立不安或烦躁易怒的前驱期。首发运动性症状常为牙关紧闭,颈部肌肉强直可能在其后或其前发生。数小时内,痉挛扩散至其他肌肉。面肌痉挛可引起口唇缩拢或口角内缩呈痉挛性"苦笑"。检查时可发现四肢与躯干肌肉的强直,可能有轻度的角弓反张,腹壁肌肉强直,下肢常较上肢受损为重,多固定于伸直位。当疾病继续进展时,全身持续性强直状态呈现发作性加重,伴有剧烈的痉挛样疼痛。发作时常出现角弓反张性痉挛,喉肌与呼吸肌的痉挛导致呼吸困难与大量出汗。

82 为预防疫情的发生需要注意些什么?

在震后救灾工作中,搞好卫生防疫非常重要,对灾区来说,应注意以下事项。

(1)提供安全饮水是最重要的防疫措施,用漂白粉消毒饮用水,不要喝生水;

(2)基本医疗护理对疾病预防和早期诊断至关重要;

(3)不吃凉菜、馊饭及过期、腐烂、未清洗净的食品和蔬菜,不吃死亡的禽畜;

(4)灾区群众集中的避难场所,要及时处理生活垃圾及粪便,防止细菌传播;

次生灾害

(5)积水可能带来寄生虫的孳生,清除有可能存脏水的器皿残骸;
(6)注意个人卫生,保持清洁,养成净手习惯;
(7)预防疟疾、虫媒传染病等,采取灭蚊、防蚊和预防接种等综合措施;
(8)提前监测,尽早发现有流行疾病的病例是保证迅速控制疫情的关键。

83 如果疫情已经发生了,需要注意什么?

(1)若是发生饮水污染,应立即停止饮用该水源,并立即上报村委会、镇政府等有关部门采取相应措施;
(2)尽早诊断和治疗腹泻及急性呼吸道感染,特别是那些5岁以下的幼儿;

疫情防治宣传

（3）在疟疾高发区尽早诊断和治疗疟疾，发烧24小时内，用青霉素为主的综合疗法来治疗恶性疟疾；

（4）针对主要传染性疾病的医护和防治措施；

（5）正确的伤口清洁和护理，伴随灾后的伤口处理，应予以注射破伤风疫苗(适当选择有或没有破伤风免疫球蛋白的疫苗)；

（6）提供必要的药品，设置一个医疗应急箱，例如处理腹泻病的口服补液盐、治疗急性呼吸道感染的抗菌素等。

84 搭建防震棚要注意什么？

（1）场地要开阔。在农村要避开危崖、陡坎、河滩等；在城市要避开危楼、烟囱、水塔、高压线等。

（2）不要建在阻碍交通的道口，以确保道路畅通。

（3）在防震棚中要注意管好照明灯火、炉火和电源，留好防火道，以防火灾和煤气中毒。

（4）防震棚顶部不要压砖头、石头或其他重物，以免掉落砸伤人。

85 震后哪些食品不能吃?

(1)被水浸泡的食品,除了密封完好的罐头类食品外都不能食用;

(2)已死亡的畜禽、水产品;

(3)压在地下已腐烂的蔬菜、水果;

(4)来源不明的、无明确食品标志的食品;

(5)严重发霉(发霉率在30%以上)的大米、小麦、玉米、花生等;

(6)不能辨认的蘑菇及其他霉变食品;

(7)加工后常温下放置4小时以上的熟食等。

86 震后食用食品时应当注意些什么问题?

粮食和食品原料要在干燥、通风处保存,避免受到虫、鼠侵害和受潮发霉,必要时进行晒干;霉变较轻(发霉率低于30%)的粮食的处理,可采用风

灾后严格做好食品安全检查

扇吹、清水或泥浆水漂浮等方法去除霉粒,然后反复用清水搓洗,或用5%石灰水浸泡霉变粮食24小时,使霉变率降到4%左右再食用。

在使用应急食品前,先食用容易变质或需要冷冻的食品;不要食用任何变质、变味的食物;罐装食品出现漏缝或罐体出现膨胀的食品也不宜食用。

应尽量找到可用的烹饪用具,包括刀、叉、纸碟、纸杯和纸碗及开瓶器、铁炉,尽量食用煮熟的食物。

87 灾后如何解决饮水问题?

(1)饮水时,优先使用政府组织送来的水和井水,最好先进行净化、消毒,创造条件喝开水。

(2)打井取水时应注意要远离畜圈、粪坑30m以上,远离工业污染源。

(3)生活饮用水常用漂白粉、漂白粉精片、优氯净等消毒药物消毒。

用消毒药物消毒的方法有以下两种。

(1)用漂白粉消毒。若某水井蓄水1m³,漂白粉精片有效氯为60%,取9.5g溶于适量水中,取其上清液加入水井中,并充分搅拌均匀,半小时后井水即可取用;若漂白粉有效氯含量为25%,取23.8g溶于适量水中,取其上清液加入水井中,并充分搅拌均匀,半小时后井水即可取用。

(2)用40%优氯净消毒饮用水。消毒每吨水投加量为12.5g。先将12.5g优氯净用清水溶解后加入水井中,并充分搅拌均匀,半小时后井水即可取用。

防疫人员正在对井水进行消毒处理

为清除盛水容器中的沉淀物,防止微生物生长繁殖,杀灭微生物,盛水容器要进行定期清洗消毒处理。

88 水被微生物污染的特征?

调查发现,未受污染的水体一般不含有致病的微生物,而当水体受到污染时,各种病原体随含有人、畜排泄物及其他污染物的污水进入水体,最终导致介水传染病的传播和流行。

一般说来,颜色不正常的水大多已经被污染,不能随便使用。然而,微生物肉眼不可见,很难从外观上区分。若出现突发大量人群发病,则饮用水被污染的可能性很大。

有毒或放射性物质泄漏

89 地震发生后,应远离哪些危险场所?

地震后,避险应注意远离危险场所:如生产危险品的工厂,危险品、易燃、易爆品仓库等。

生产危险品的工厂在地震中可能发生有毒或放射性质的泄漏,危及周围人员的生命安全;危险品、易燃、易爆品仓库可能在地震中引发火灾、爆炸,

造成巨大人员伤亡和财产损失。

因此,地震避险时应当远离相关场所,以免造成无故的伤亡。

90 有毒或放射性物质发生泄漏时该怎么办?

一旦发现剧毒或易燃气体溢出,细菌、毒气储器破坏,亦要封锁现场,场内人员尽快撤出,防止过路行人进入,造成中毒或作为传播媒介。

不明液体喷溅在皮肤上,要在第一时间用棉花、吸水的布在皮肤上吸,千万不要擦拭。不明液体若溅到衣服上,应立即把衣服脱掉,放在沸水中至少消毒30分钟再处理。如果不明液体喷溅到皮肤上当时没有发现,过后发现有水泡,千万不要把水泡挑破,应立即到医院就医。

逃离泄漏现场

91 当地震引起有毒气体泄漏时该如何逃生？

化学品毒气泄漏的特点是发生突然，扩散迅速，持续时间长，涉及面广。一旦出现泄漏事故，往往引起人们的恐慌，处理不当则会产生严重的后果。因此，发生毒气泄漏事故后，如果现场人员无法控制泄漏，则应迅速报警并选择安全方法逃生。

（1）发生毒气泄漏事故时，现场人员不可恐慌，按照平时应急预案的演习步骤，各司其职，井然有序地撤离。

（2）从毒气泄漏现场逃生时，要抓紧宝贵的时间，任何延误时机的行为都有可能给现场人员带来灾难性的后果。因此，当现场人员确认无法控制泄漏时，必须当机立断，选择正确的逃生方法，快速撤离现场。

（3）逃生要根据泄漏物质的特性，佩戴相应的个体防护用具。如果现场没有防护用具或者防护用具数量不足，也可应急使用湿毛巾或衣物捂住口鼻进行逃生。

（4）沉着冷静确定风向，然后根据毒气泄漏源位置，向上风向或沿侧风向转移撤离，也就是逆风逃生；另外，根据泄漏物质的相对密度，选择沿高处或低洼处逃生，但切忌在低洼处滞留。

① 阻燃、抗高温头罩，反光并极易在火场浓烟中被发现，并适合长发、有胡须、戴眼镜者使用

② 大眼窗，具有开阔视野

③ 不锈钢滤毒罐

④ 可调整的一点式带扣

⑤ 纯棉阻燃脖套

地震知识100问

次生灾害

（5）如果事故现场已有救护消防人员或专人引导，逃生时要服从他们的指引和安排。

（6）不要慌乱，不要拥挤，要听从指挥，特别是人员较多时，更不能慌乱，也不要大喊大叫，要镇静、沉着，有秩序地撤离。

（7）逃离泄漏区后，应立即到医院检查，必要时进行排毒治疗。

（8）还要注意的是，当毒气泄漏发生时，若没有穿戴防护服，绝不能进入事故现场救人。因为这样不但救不了别人，自己也会被伤害。

92 当地震引起放射性物质泄漏时该如何自护？

由于核电站的放射性物质是以碘和稀有气体的形态外泄，因此必须防止被其放射线辐射。为此，民众如果在室内，要紧闭门窗，关掉换气扇和空调等设备。

如果在室外，或因避难而在移动当中的话，人要戴上口罩或用水浸湿的毛巾或手绢捂住口鼻，防止吸入放射性物质。此外，还要穿戴避免皮肤外露的服装。

与此同时，还必须防止通过呼吸和食品在体内受到核辐射污染的情况。

次生灾害

如果在身体内部遭到核辐射的话,将会长期受到放射线的影响。

从室外进入室内时,必须换衣服,并洗手、洗脸。在接到本地地方政府的指示之前,为了慎重起见,不要饮用自来水和井水,也不要食用放在屋外的蔬菜等食品。

93 地震会引起哪些次生地质灾害?

我国是一个多山的国家,山地、丘陵和比较崎岖的高原占全国总面积的2/3。这些地区地震时一般都伴随不同程度的崩塌、滑坡和泥石流灾害,它是一类严重的地震次生灾害。

崩塌是陡坡上大块的多裂隙的岩体在地震力或重力作用下突然崩落的现象。

滑坡是斜坡上不稳定的土体(或岩体)在地震力或重力作用下沿一定的

滑动面(滑动带)整体向下滑动的现象。

泥石流是山地在地震力或重力作用下暴发的饱含大量水、泥、砂、石块的洪流。

94 地震在引发滑坡和泥石流中起到了什么作用？

地震对滑坡、泥石流的作用在于,触发滑坡、泥石流的滑动或流动,促进滑坡、泥石流的形成。其表现在以下3个方面。

(1)地震的作用使斜坡体承受的力发生改变,触发了滑动和流动。

(2)地震力的作用造成地表变形和裂缝的增加,引起了地下水位的上升,进一步加剧了滑坡、泥石流的形成。

(3)地震触发的崩塌、滑坡、冰崩、雪崩、堤坝决崩以及其他水源的变化等为泥石流提供大量的松散固体物质和水源,进一步扩大了泥石流的规模。

地震触发和促进的作用,造成了两种类型的滑坡和泥石流。一方面,由于地震的触发作用,震时出现大量的滑坡、泥石流;另一方面,地震使斜坡产生新的破坏,促使滑坡继地震后陆续发生,称为后发性滑坡、泥石流。

95 地震引发的滑坡和泥石流有什么特征？

(1)地震震级、烈度与滑坡和泥石流的关系。地震滑坡和泥石流的活动与地震震级、烈度具有明显的关系。根据以往几次强震调查和近年多次强震调查统计,滑坡和泥石流多发生在烈度7度及以上地区。仅在特殊情况下,烈度为6度区才发生滑坡和崩塌。震级为5级左右的地震可能诱发滑坡和泥石流;8级以上的地震,诱发的滑坡和泥石流的区域更广,可达几万平方千米。一般来说,在相同条件下,地震震级越大,诱发滑坡和泥石流的面积也越大。

(2)地震类型与滑坡和泥石流的关系。"震群型"的地震比"主震-余震型"的地震诱发的滑坡、泥石流要多,规模要大。"震群型"的特点是地震能量分多次释放。第一次地震地表产生破坏之后,紧接着第二次、第三次地震,产生的破坏要严重得多,所以形成的滑坡和泥石流次数更多、危害更大。

(3)地震滑坡和泥石流规模大、形成时间短。一般自然滑坡和泥石流发育过程要经历较长的时间(几十年到几百年),有明显的阶段性。而地震滑坡因地震的突发作用,往往在刹那间就完成裂缝、下滑的全过程。而地震泥石流也是在震时或震后降雨时迅速暴发。

(4)地震滑坡和泥石流灾害延续时间长,反复性大。一次强震之后发生大量的滑坡和崩塌,滑坡、崩塌为形成大型的泥石流提供了物质来源。泥石流在流动的过程中对河床进行下切,两岸进行冲刷和刮挖,往往产生新的滑坡。这样循环反复互为因果,因而地震滑坡和泥石流灾害延续时间长,从地震开始,一直延续到次年乃至于数年之内。

96 地震导致的滑坡泥石流灾害该如何预防呢?

强烈地震会造成滑坡泥石流,且随时可能发生。滑坡泥石流发生前往往有明显的前兆:滑坡前缘土体突然强烈上隆鼓胀;滑坡前缘突然出现局部滑坍;滑坡前缘泉水流量突然异常;滑坡地表池塘和水田突然下降或干涸;滑坡前缘突然出现规律排列的裂缝;滑坡后缘突然出现明显的弧形裂缝;动物出现异常现象;泥石流沟谷下游洪水突然断流;泥石流沟谷上游突然传来异常轰鸣声。

震后避难滑坡泥石流应注意以下几点。

(1)预先选定临时避灾场地,避灾场所和新房应远离滑坡和泥石流区。发现地质灾害隐患时,应立即搬迁避让。

(2)房屋面临滑坡时,人员应立即撤离;山体滑坡时,不要沿滑坡体滑动方向跑,应向滑坡体两侧跑。

(3)地质灾害大多发生在雨季,特别是夜深入睡时

造成的损失更大。暴雨期间,夜晚不要在高危险区内留宿。

97 为什么次生地质灾害常引起严重的生命财产损失?

1906年4月18日美国旧金山8.3级地震,火炉翻倒引起大火,供水系统破坏,大火持续3天3夜,10km²市区化为灰烬。1975年2月4日海城7.3级地震,鞍钢因停电停水而冻结,高炉停产;营口水电设施破坏,全市停水停电,城市瘫痪。1976年7月28日唐山7.8级地震,开滦矿供电中断,涌水量猛增,矿井被淹;天津碱厂白灰埝滑坡使30多人丧生。

各大地震实例表明,地震本身造成的生命财产的损失远远低于地震引起的次生灾害。

城市是各种生命线工程高度集中的地区,地上地下各种管网密布,地震次生灾害尤为突出。一旦发生地震,水电等公共补给很可能陷入瘫痪,各大工厂不得不停工。化工厂、核电站等危险场所更有可能发生泄漏事件,造成重大的伤亡和损失。而山区地质情况复杂,地震易引发崩塌、滑坡、泥石流等次生灾害,毁坏农田,甚至吞没村庄,威胁生命。

美国旧金山地震

地震谣传（趣味阅读）

由于人们对地震的极度恐惧，在汶川、雅安等大地震之后，出现了许多貌似颇有道理的谣传。有些谣传甚至引经据典，满含学术意味。在此，我们选取了几个比较有名的谣传，进行针对性的介绍和解释，希望通过我们的知识宣传，能够帮助大家正确地对待谣传，看清事实真相。（注：本章节部分资料、观点来源于果壳网、科学松鼠会和诸多地震专家的采访报道。）

98　你相信磁铁避震吗？

流言： 近期，世界各地地震频发，地球将进入地震频发期，所以，在这里给朋友们推荐一种地震预报的方法：把一块磁铁用绳子挂在高处，下面正对地板砖或一个铁盆，磁铁上粘一块大铁块。地震前地球磁场发生剧烈变化，磁铁会失去磁性。铁块掉下来，落在地上或盆上，发出响声。此法在房屋没有晃动前就会提前预警。提前时间10分钟至几十秒。如果掉下来了，必发生大震。

流言分析： 磁铁会因为地震导致的磁场变化而失去磁性吗？简单想想，难道那些曾经发生过地震的地区，震后所有的磁铁就都失效了？如果真是这样的话，所有的银行卡磁卡都将报废，电机和喇叭也都会纷纷罢工。事实却并非如此。而从科学的角度上分析，地震产生的磁场变化极其微小，根本不可能对磁铁的磁化状态产生什么影响。也就不可能用什么磁铁悬物法来预测地震了。

99　生命三角真的有用吗？

流言： 2004年，一封宣传地震"生命三角求生法"的邮件开始在互联网上流传。该方法的倡导者、加拿大人库普(Doug Copp)号称"全世界最有经验的救援队队长"。该理论声称:地震来时,要在能形成三角形空间的位置躲藏,"生命三角"由此得名(如右图所示)。也因此,"如果地震发生时在床上的则要翻身下床,如果可能还要尽量接近外墙,伺机逃出。同理,在车里的人要立刻出去坐在或趴在车边。"汶川地震后,该理论迅速在互联网上爆炸式传播,甚至被众多官方媒体未经查证直接传播。雅安地震后,再次被众多公众人物转发,可谓是与地震相关的传播最广的流言之一。可是,此流言究竟是真理还是谣传呢?

流言分析:调查发现,库普的言论在2004年就很快受到了来自各方的批评。美国红十字会、加州州长紧急服务办公室和地震专家纷纷发文,对"生命三角"的不合理性进行论证和声讨。但奇怪的是,在中国却受到了追捧。下面我们将逐条论证该流言的不可信。

首先,大多数人选择相信,首先是由于库普身上所谓"全世界最有经验的救援队——美国国际救援队队长"这样一个很唬人的称谓,可是,这个乍听很厉害的机构,只是库普自己创建的一家公司,并不隶属于美国政府或是其他的机构。而他所声称的自己的救援经历和荣誉并不真实,美国司法部因此对他展开调查和诉讼。种种迹象表明,这位"英雄"更像是一个投机主义者。

其次,库普验证"生命三角"的正确性,只是基于一个简单的实验:1996年,库普和他的团队,在土耳其将20具人模型分别放置于一座楼内的桌子底下和旁边,接着炸毁了那座楼房。现场清理报告指出,桌子底下的10具模型均被掉下的房顶"砸死",而旁边10具则全数"生还"。这个过程还被拍摄成名为"生命三角"(Triangle of Life)的纪录片。于普通民众而言,这个实验乍一看确实有合理之处,库普和他的小组所作的"实验"根本不能算是对地震的研究。曾对1999年土耳其7.8级大地震进行详细调研的抗震减灾专家佩特(Marla Petal)指出了库普犯下一个严重错误:他将炸药爆破导致的房屋倒塌等同于地震中可能出现的房屋倒塌。库普将炸药置于承重柱内部,爆破时柱子一折房顶就会像一张大饼一样平塌(pancake collapse)下来。但真正的地震给房屋造成的破坏却并非如此,事实上,房屋受到地震波袭击时,可能发生各个方向上的平晃。坍塌也分成房顶平塌、墙体外倒、墙体内倒和房顶"M"形向下弯折几种。两者根本不能混为一谈。库普的观点建立在极端设定的基础上:①在地震中房屋必定倒塌;②房屋的倒塌必定导致里面的家具完全被砸碎。随抗震减灾工作的开展,中国近年修建的七层以下居民楼采用现浇钢筋混凝土的砖混结构,更高的则采取框架结构,也是现浇的,这些房屋的屋顶不会掉下来。

美国红十字会灾难教育部前总管罗伯茨(Rocky Lopes)强调,根据对加州地震生还者所作的综合统计,地震最危险的伤害因素并非轰然塌下的屋顶,而是四处乱飞的家什和碎玻璃。日本在一次利用振动台进行的地震模拟实验中,佩特博士就看到一台巨大的冰箱划过整间房屋,在翻了几个跟斗之后将实验中的"儿童"挤扁。也就是说,如果依照库普所言,地震来临时躲在了该冰箱附近,那么你极大可能是和它一起被晃飞或者被晃倒的家具直接砸死,而只有极小的概率,在你被四处乱飞的家具砸伤之前,让它们刚好形成一个"生命三角"保护你,然后变成库普手上拿来唬人的幸存者图片。

最后,我们再次强调正确的地震口诀:"伏地、遮挡、手抓牢",该口诀针对的是地震真正的伤害源:被甩飞、乱飞的家具和碎玻璃。当然,这里有一个前提是,房屋的安全质量合格。中国的房屋抗震建设仍有很多隐患,比如,从汶川地震到雅安地震,都向我们昭示了,农村的建筑选址建筑质量现状不容乐观,许多自建房屋的屋主可能根本不知抗震规范设防等级为何物。北大建筑学中心研究生杨兆凯也基于自己的观察展现了另一方面的事实:"中国民间建筑本有许多抗震精华,比如炕设在两根大梁之间,而非梁下方,再者,传统木构本身由于其结构的天然弹性,对形变有较强的抵抗力;然而,如今农村越来越多的人一味模仿城市建筑,丢掉了传统的智慧,建造时除了一些想当然的模仿外没有考虑地震来临时房子会怎样。这种房子一旦倒塌,比土坯房还要危险。"

综上所述,合理选址,规范建筑防震的基础上,牢记正确的地震口诀,勿轻信谣言。

100 如何正确对待民间预报?

近年来,地震频发,伤亡惨重。人们对于地震产生了强烈恐惧,与之伴生的,是对于地震预测的强烈期望,遗憾的是,地震专家基于目前的研究现状给出的答复,显然无法回应大众对于地震预测的迫切期冀,而相应的,是各类声称成功预报了地震的民间预报组织的出现,引发舆论一片哗然;而之后一部分民间预报人员被捕,更是将地震预报推上了舆论的风口浪尖。那么,民间预测合不合法?为何私自散布地震预测意见就是违法的呢?这些民间预报到底可不可信呢?

我们必须区分地震预测与地震预报是不同的。地震预测,国家地震观测机构可以预测,个人和普通单位也可以预测。2008年修订通过的《中华人民共和国防震减灾法》第27条指出了个人或非官方机构表达预测结果的途径——上报、待核,同时还明确规定国家鼓励、引导社会组织和个人对地震进行监测和预防。这里可以看出,对于民间观测的态度,官方是开明和欢迎的。但对于地震预报,《防震减灾法》第29条明确规定,国家对地震预报意见实行统一发布制度。除发表研究成果及进行相关学术交流外,任何单位和个人不得向社会散布地震预测意见、地震预报意见及其评审结果。那么,为什么国家要制定这项法律法规,而不是像很多网民所说,"对于灾难,宁可错报不可放过"呢?

下面举一个所谓的成功预报过多次地震的预报中心的预报为例,这是该组织经过一些系列分析,圈出的可能地震的范围。

我们必须承认他这种预报方式成功率很高,因为,如果把这三个圈放在欧洲地图上,足足可以圈进去三四个国家。

我们都知道,日本是个地震多发的国家,而这三个圈在日本,应该是可以把整个国家圈进去的。

地震谣传（趣味阅读）

此类要么是地域范围足够大，要么是预报的时间范围足够大的预测，简单来说，就跟"华中华南地区6月一定会有一场暴雨"一样准到没有意义。因为我们不可能因为某一个大区域在未来几个月内有可能发生一个6~8级的地震，就动不动让小半个中国的人都撤离搬迁——盲目动荡给社会造成的经济损失比地震本身大得多得多；美国地质调查局的地震专家露西·琼斯曾表示，即使假设我们能够提前一个小时给出地震的精确预报，那么撤离时死在高速公路上的人不会少于地震造成的伤亡。这显然不是危言耸听，贝克汉姆访问一趟大学，在保安维持秩序的情况下尚且发生了严重的踩踏事故，那么对于一个人口密度极高的城市，地震的访问造成的混乱伤亡简直无法想象，而当这个访问，在现阶段，是无法给出精确时间地点的时候，预报的发布就是有百害无一利的。1976年，松潘地震从发布预报到发生地震经历了3个月，其间各地闹地震一片混乱。公众绷紧的神经几近断裂，甚至某村61人连续4日聚集，念咒发功，最后集体投水。预警期间有人跑到了唐山，结果在毫无地震预兆的唐山遭遇大地震伤亡。此例在前，对于地震预报真正的专家不可能不谨慎。

对于科学家来说，预报发布必须是严谨负责的，如果没有办法告诉民众到底该不该撤走，什么时候可以回来，就只能说目前地震不能预报，因为不严谨的预报无助于我们解决实际问题，只会造成过多的担忧和恐慌，可是若

识别地震谣言

"精准"报，笑一笑
"内部"报，不可靠
迷信报，瞎胡闹
政府报，最重要

民间预报组织没有大局观，擅自将一些似是而非的言论大肆宣扬，就必须为此承担法律责任。

当然，必须强调，不是所有的民间预测都是哗众取宠毫无意义。所谓民间预测，是指所有的非官方机构，有求签问卦的神棍、有掺上专业名词说废话的投机者、也有真正研究探索的地质学者，鱼龙混杂，不能一概否定，因此民众应该具备基本的鉴别能力。希望本书的基本知识普及，能够帮助读者，鉴别谣言，看清真相，走近真理。

对于各种地震预报的谣言，不受蛊惑的心理前提是我们必须面对一个现实：精准的临震预报（几天以内，在较小范围内可能发生的地震的预报），目前全世界都还无能为力。地质学家针对地震机理，地震前兆等方面一直在作研究，但事实是，自然界复杂多变，不是所有的地震都有预兆，更不是所有的疑似预兆后都一定会发生地震。我们应该充实自己的地震常识，学习它们，但不能草木皆兵，更不能人云亦云。

（声明：本书选用的部分图片未能及时与作者联系，请相关作者与本社联系，以便付酬。）

图书在版编目(CIP)数据

地震知识 100 问 /项伟编著. —武汉：中国地质大学出版社有限责任公司,2013.9（2016.1重印）
 ISBN 978-7-5625-3243-9

Ⅰ.①地… Ⅱ.①项… Ⅲ.①地震灾害-灾害防治-问题解答 Ⅳ.①P315.9-44

中国版本图书馆 CIP 数据核字（2013）第 205109 号

丛书策划：毕克成
责任编辑：蒋海龙
封面设计：魏少雄
责任校对：张咏梅

地震知识 100 问

项伟 编著

中国地质大学出版社有限责任公司出版发行
（武汉市洪山区鲁磨路 388 号 邮政编码 430074）

各地新华书店经销　武汉中远印务有限公司印刷
开本 880×1230 1/32 字数：97 千字 印张：3.375
2013 年 9 月第 1 版　2016 年 1 月第 2 次印刷
ISBN 978-7-5625-3243-9 定价：18.00 元

如有印装质量问题请与印刷厂联系调换